Dr. Wilson Rondó Jr.

PREVENÇÃO: A MEDICINA DO SÉCULO XXI

A Guerra ao Envelhecimento e às Doenças

São Paulo
2000

EDITORA Gaia

1ª Edição, 1996, por Tecnopress Editora
2ª Edição, 2000, por Editora Gaia

Diretor Editorial
Jefferson L. Alves

Assistente Editorial
Rosalina Siqueira

Assistente de Produção
Flávio Samuel

Revisão
Célia Regina do N. Camargo
Iraci Miyuki Kishi

Editoração Eletrônica
Antonio Silvio Lopes

Dados Internacionais de Catalogação na Publicação (CIP)
(Câmara Brasileira do Livro, SP, Brasil)

Rondó, Junior, Wilson
Prevenção : a medicina do século XXI: a guerra ao envelhecimento e às doenças / Wilson Rondó Jr. – São Paulo: Gaia, 2000.

Bibliografia.
ISBN 85-85351-80-2

1. Medicina preventiva I. Título. II. Título: A guerra ao envelhecimento e às doenças.

00-0561 CDD-613

Índices para catálogo sistemático:

1. Medicina preventiva pessoal 613
2. Prevenção: Promoção da saúde: Ciências médicas 613

Editora Gaia Ltda.
(uma divisão da Global Editora
e Distribuidora Ltda.)

Rua Pirapitingüi, 111-A – Liberdade
CEP: 01508-020 – São Paulo – SP
Tel.: (0xx11) 3277-7999 – Fax: (0xx11) 3277-8141
E.mail: gaia@dialdata.com.br

Nº de catálogo: **2145**

A Patrícia, minha mulher, pelo seu apoio constante em todas as situações.

Dizem que os anjos não existem; mas eles existem sim, e são de carne e osso. Um deles tem até nome: Pietro, meu filho.

Agradecimentos

Agradeço especialmente aos meus pacientes, que confiaram em meu trabalho e o respeitaram, fazendo-me enxergar a necessidade deste livro para que cada vez mais pessoas possam entender os riscos e as necessidades atuais para uma vida saudável.

Ao meu mestre Dr. Guilherme Paulo Deucher, que admiro muito, cujo trabalho me abriu um vasto horizonte intelectual.

ADVERTÊNCIA

Este livro traz informações, conselhos e observações com o objetivo de orientar o leitor. Estes não substituem o tratamento com um profissional. É preciso sempre consultar um médico antes de iniciar qualquer tipo de tratamento.

Sumário

PREFÁCIO

O exame médico é quase sempre situação da qual desejamos fugir: anamnese (repleta de perguntas indiscretas), o resultado da medição da pressão arterial (que sempre esperamos como o condenado aguarda o juiz ler a sentença), a prescrição de oitocentos exames para o ilustre homem de branco saber em que terreno está pisando, que parte do organismo foi afetada e então receitar. Houve tempo em que o número de exames era reduzido: o médico era, antes de tudo, um clínico e, como costumava dizer um velho amigo, um "detetive", que deveria sair atrás do criminoso (a doença) tendo apenas alguns indícios que o paciente lhe fornecia. Quantas vezes o "detetive" não falhou; quantas vezes, no entanto, soube distinguir na descrição dos sintomas qual era de fato a doença que afligia seu paciente. Era, assim, um quase-sábio, pois deveria deduzir, daquilo que o paciente lhe dissera sobre seu passado clínico e sobre os sintomas que vinha sentindo, qual a doença que de fato o afetava.

Às vezes hipertenso, às vezes com pressão normalíssima, por causa mesmo dessas variações freqüentei todas essas desventuras do paciente em busca de um consolo, que muitas vezes não chega – ou chega com sentido contrário, como foi meu caso. Tenho registrado em meu prontuário médico a firme recusa a deitar-me na mesa de operações, custe o que custe – evidentemente, essa coragem indo até a hora quase fatal. Do prontuário deveria constar também, mas lá não está escrito porque a tanta audácia não cheguei, que além do repúdio à mesa de operações variei no passado com alguma freqüência de médico. Sei que isso impede o cavalheiro que me recebe solícito de saber ao certo a quantas ando.

Não me importo – talvez o que busque nessa "pesquisa" seja conhecer o que eles dirão daquilo que lhes comunico, e ver se os remédios que prescrevem produzem aquele efeito milagroso de apagar, como se fosse uma palavra mágica, a conseqüência das noites maldormidas, avançadas na companhia dos colegas do jornal, do cigarro sempre presente até o momento quase fatal, da vida sedentária, do estresse acumulado e jamais vencido.

Na verdade, não mudava apenas de médico; experimentava terapias diferentes, nesse sentido de que uns acreditam numa coisa, enquanto outros crêem noutra. Foi assim que aprendi a olhar com mais atenção para os alimentos e a ler bulas toda vez que comprava um remédio; hesitava alguns minutos antes de dizer "levo este" ao ler todas as precauções que se deveriam adotar e quais os efeitos colaterais que a droga salvadora produziria. Freqüentei a homeopatia, a fitoterapia e a acupuntura e, apesar de dar-me bem com elas, a consulta era praticamente a mesma (exceto na acupuntura), quase uma sessão de psicoterapia, especialmente se o médico era formado pela escola de Rudolf Steiner, e se dedicasse realmente a querer saber o que acontecia com seus pacientes. Foi com eles que aprendi que o ouro serve para outras coisas além de causar inveja aos que assaltam damas descuidadas nos cruzamentos de São Paulo. Da mesma forma que outros metais. Com eles, já entrando por estranhos caminhos, embora todos eles embasados por pesquisas cientificamente corretas, aprendi que o relógio humano tem suas horas para este ou aquele remédio: tomado antes ou depois da hora marcada pelo sistema, produzirá pouco efeito. Há quem se ria disso tudo, esquecido de que quando a penicilina chegou era para ser tomada de duas em duas horas – e respeitávamos essa necessidade de o organismo processar aqueles elementos novos e estranhos que recebia. Respeitávamos as duas horas, porque era a ciência bem pensante que dizia ser assim o correto a ser feito – e quantas vezes nos rimos do fato de que na homeopatia, com grande freqüência, devemos respeitar o relógio humano. Hoje, os antibióticos são tomados em doses maciças, exigindo de seis a oito horas para que o organismo possa aceitar com resultados positivos as doses seguintes; enquanto isso, a homeopatia chegou à dose única. Não falo do mistério que cerca a acupuntura e de como, com precisão, os que de fato são mestres diagnosticam aquilo que nem em sonhos imaginamos poder um dia vir a ter.

Não é de remédios e escolas médicas que quero falar neste prefácio que um especialista, um colega de profissão e talvez não um paciente deveria estar escrevendo. Quero falar da consulta e também do livro, evidentemente. Depois de andar por ceca e meca, cheguei ao Dr. Wilson Rondó Junior, levado pela competência e dedicação que manifestara por minha mulher, que então se encontrava em condições assaz críticas. Foi capaz de compreender que ela tinha seus motivos para recusar os tratamentos convencionais e a fortaleceu em sua vontade de adentrar caminhos diferentes. Não apenas por isso; também porque esperava livrar-me da mesa de operações com que me tinham ameaçado da maneira mais tranqüila e impessoal que alguém possa imaginar, além de me descreverem, no mesmo tom distante, as terríveis seqüelas possíveis. Cheguei ao Dr. Rondó com um pé atrás com que sempre visito esculápios: a eterna anamnese e depois... depois as "artes plásticas".

Ao escrever, ocorre-me um velho anúncio: "Duas gotas, dois minutos, dois olhos claros e bonitos". Era a propaganda de um colírio, que ainda se compra nas farmácias. Dela, muitos se lembrarão. O que Rondó Junior faz é alguma coisa parecida com "duas gotas, um minuto...": uma picada na ponta do dedo, algumas gotas de sangue em duas lâminas, um microscópio e uma tela de aparelho de televisão. Depois, quadros abstratos com todas as configurações imagináveis (o abstrato pode ter forma), os glóbulos vermelhos com formas "boas" ou "más" se movimentando isoladamente ou agrupados (cuidado!), subindo e correndo para os lados, os glóbulos brancos aparecendo aqui e ali sob forma não-branca, fagocitando alguma coisa. O paciente se encantará pelo espetáculo por duas razões: a primeira porque estará vendo seu organismo vivo, movimentando-se; a segunda porque o médico vai explicando o sentido clínico daquelas formas, daqueles agrupamentos, daquilo que não é branco, mas produto da luta do leucócito com alguma coisa que está agredindo o organismo. Depois, muda a placa, e o espetáculo é o de terras estranhas, não diria lunares porque não há cavernas – mas poderia afirmar sem medo de errar que se está diante de terra crestada pelo sol de meses, pedaços dela separados por traços brancos (cuidado!), de quando em quando aparecendo uma mancha mais escura, apresentando uma forma estranha naquilo que por si é estranho. É o sintoma de que algo já ficou errado no organismo ou começará a ficar dentro em breve. Numa das lâminas, de quando em quando, para azar do paciente, aparecem alguns pontos brancos: é a cândida, fungo que nada tem de inocente e puro e que deve ser eliminado com urgência.

A visita ao museu de artes plásticas de nosso sistema imunológico chega ao fim, e os males que o estão acometendo ou podem vir a prejudicá-lo foram expostos à vista do paciente. O que impede que se façam os exames – alguns de todos conhecidos, outros que se introduzem na vida de cada um de nós para medir aquilo de que raramente suspeitávamos: se os metais pesados estão no nível que a civilização de hoje impõe como normal ou se começam a comprometer o que deveria estar em ordem. Os metais pesados são detectados por técnicas que nos romances policiais modernos já se tornaram rotina, quando se quer saber se a vítima vinha sendo envenenada aos poucos, ou se foi um golpe seco no escuro: pelo cabelo! Depois exames para saber como estão os níveis de vitaminas e outros nutrientes. Submeta-se a eles todos. Quando mais não seja, para ver o efeito plástico de seus glóbulos vermelhos passeando livres pela tela da tevê. É espetáculo que não se vê todos os dias, com a vantagem de que o ator é você mesmo e aos poucos você é capaz de descobrir, acompanhando o médico, quais são suas deficiências orgânicas, sistêmicas, e os progressos que você realizou.

O que Wilson Rondó Junior quer com este livro extremamente didático é mostrar-nos os efeitos do progresso da civilização ocidental – ou já seria de toda a civilização humana? – sobre nosso organismo. Efeitos negativos até pela falta de nutrientes. Quantas vezes nos iludimos, crendo estar comendo o alimento certo, capaz de nos dar nutrientes suficientes para enfrentar com vigor a existência. Iludimo-nos, sim, porque nos esquecemos de que a terra muitas vezes já não tem como fornecer aos alimentos que produz os nutrientes de que necessitamos. A "mãe Terra" também se exauriu, porque dela não cuidamos, da mesma maneira que descuidamos de nós próprios, nenhum de nós sabe por que e como. Os efeitos perversos da civilização não se manifestam apenas no infarto que nos atinge quando menos esperamos; são os múltiplos e pequenos mal-estares a que damos pouca importância, mas que ao se somarem provocam um grande desconforto, quando não coisa pior.

Rondó Junior procura mostrar em seu livro o que a vida moderna pode causar em todos nós, em alguns de maneira mais rápida e profunda do que em outros, mas igualmente todos sujeitos ao mesmo processo estressante e poluente do organismo, seja pelos metais pesados que existem na água que bebemos, seja na comida que cozinhamos com todo o capricho, atendendo às recomendações sobre o tipo de óleo que devemos usar. Lendo o livro e depois de percorrer o museu de "artes plásticas" de nosso sangue, compreendendo o sentido da leitura que o microscópio e a tela nos permitiu fazer de nós mesmos, será possível enfrentar com novo ânimo até aquelas doenças que os antigos diziam sem remédio.

Pense o leitor que somos como uma estrutura de concreto armado, cujos ferros vão sendo corroídos ao longo dos anos com maior ou menor velocidade sem que nos demos conta desse fato, até que o edifício caia. O trabalho de Rondó Junior, como o de outros que fazem a mesma coisa no Brasil, é dizer-nos que o ferro está sendo corroído e que é possível salvar a estrutura do prédio antes que ele caia.

Hoje, afora tudo o que faz, Rondó está preocupado em trazer do Canadá um microscópio que supera em muito o dele. Esse aparelho foi inventado por um francês não aceito pela comunidade acadêmica "bem", e que se dedica, como pesquisador, há mais de 40 anos, a encontrar, na dinâmica celular, o instante em que se prenuncia aquele momento fatal em que o sistema imunológico entrará em pane: Dr. Naesens. O espetáculo plástico com esse microscópio deverá ser muito mais rico e encantador – possivelmente mais dramático também, mas infinitamente mais promissor do que passar a vida lendo bula de remédio para conhecer efeitos colaterais danosos à saúde.

Será fácil, para quem ler este livro, saber quais as conseqüências que a civilização moderna pode produzir sobre nosso organismo, desde que nos descuidemos dele, como normalmente fazemos até que chegue o momento de enfrentar a verdade de frente.

Da mesma maneira, o leitor encontrará o elenco das providências que podem e devem ser tomadas para, se não eliminar totalmente os males provocados no organismo humano pela civilização moderna, ao menos diminuí-los e evitar que pequenos mal-estares se transformem em doença séria.

Oliveiros S. Ferreira
Jornalista

INTRODUÇÃO

A recomendação do uso ou da abstenção de alimentos como importante fator de cura de determinadas moléstias pode ser encontrada já na antiguidade clássica. Os ensinamentos de Hipócrates são um bom exemplo: "O alimento é o seu remédio; e o seu remédio é o seu alimento." Durante séculos, essas recomendações foram empregadas, ainda que da perspectiva da Medicina Moderna se possa dizer que foram usadas de modo empírico ou somente por tradição oral nos diferentes povos de cultura judeu-cristã (greco-romana, portanto), além da islâmica.

As investigações propriamente científicas, como se concebe hoje, sobre a relação saúde-doença-alimentação iniciam-se no século XVIII com Lavoisier, e posteriormente com Liebig. A partir destas, entre outros estudos, registrou-se nos últimos 150 anos um rápido avanço nas pesquisas, que permitiram um enorme aumento no conhecimento do valor não apenas nutritivo do alimento, mas também das influências negativas ou positivas que sua ingestão prolongada pode ter sobre o organismo humano como um todo, e especialmente sobre o sistema imunológico.

Esse processo de conhecimento científico teve também uma relação direta com o processo de industrialização dos alimentos. Sem desconhecer a importância e até mesmo a necessidade deste último processo, não se pode deixar de registrar que ele contribuiu para a perda de propriedades positivas dos alimentos e um aumento da presença, na alimentação diária, de elementos prejudiciais à saúde.

Anteriormente a alimentação nos dava energia e combustível para a vida. Hoje, cada vez que vamos à mesa somos desafiados, pois na água, por exemplo, houve aumento (750 vezes) de chumbo, o qual sabemos ser altamente tóxico. O flúor e o cloro, que conferem proteção aos dentes e à gengiva, provocam osteoporose e aumento das taxas de colesterol. Os vegetais passaram a apresentar aumento de 60% no nível de agrotóxicos e pesticidas. Os animais que nos fornecem carne para a alimentação cotidiana, tais como vacas, peixes e aves, são criados confinados e alimentam-se de rações, o que resulta na falta do equilíbrio necessário para a formação dos ácidos graxos poliinsaturados, que provocariam alteração no metabolismo. O uso de antibióticos e hormônios em pequena dosagem para garantir o êxito das criações faz com que acumulemos em nosso organismo as referidas substâncias, gerando também sérios problemas, entre os quais resistência a antibióticos, impotência e menarca precoce.

O restante dos alimentos é preparado para se apresentar bonito, cheiroso e atraente e durar em prateleiras; para que isso ocorra, utilizam-se conservantes, preservantes, aditivos que acarretam desequilíbrio nutricional e aumento de substâncias químicas nocivas ingeridas pelo organismo. Nessa medida, somos submetidos, a cada refeição, a agressões ao nosso sistema orgânico.

Restam, portanto, algumas perguntas: será que temos um sistema de defesa para tantos tóxicos e substâncias estranhas ao nosso sistema protetor? Será que desenvolvemos sistemas para eliminar esses invasores? A resposta é duplamente não.

Por que será que atualmente cansaço, fadiga, memória fraca, problemas gastrintestinais e estresse têm aumentado tanto? E por que também têm aumentado tanto as doenças degenerativas?

Por mais paradoxal que pareça, os países desenvolvidos têm sucumbido a elas, simplesmente devido ao alto nível de má nutrição advindo da dieta, assim como ao excesso de elementos tóxicos e metais pesados, seja nos alimentos, seja no ar.

A classe médica não tem como intervir nas agressões ambientais nem como alterar a evolução da indústria alimentícia e dos derivados petroquímicos. Porém, pode propor soluções para a sociedade, tais como tratar do interno, do básico, sugerindo correções para esses desvios que estão cada vez mais aviltantes, através do uso de vitaminas, minerais, aminoácidos e hormônios. Além de criar programas de desintoxicação e prevenção que dia a dia se tornam mais importantes. Nunca nenhuma geração se expôs tanto a essas agressões ambientais como a nossa.

É poético que o oxigênio, sem o qual não podemos sobreviver, em sua forma tóxica, gradualmente, elimina a vida humana.

Medicina Preventiva Molecular

A vida humana é um constante caleidoscópio de mosaicos moleculares. Saúde e doença, em nível molecular e de transferência de elétrons, podem ser definidas como um estado criado pelo impacto sobre a genética individual, transformando as moléculas no ambiente interno e externo.

Saúde, nessa visão, pode ser vista como a dinâmica molecular que preserva a integridade estrutural e funcional de células, tecidos e órgãos.

Doença, ao contrário, pode ser definida como eventos moleculares que causam agressões celulares e tissulares. Considero a prática clínica da medicina baseada nesses conceitos como *Medicina Preventiva Molecular.*

Considerações Moleculares

A essencial distinção aqui é que antes se tratavam as doenças somente após diagnósticos morfológicos estabelecidos por estudos microscópicos que nos diziam sobre a agressão aos tecidos *depois* que estes já haviam sido lesados. O estudo da dinâmica molecular, ao contrário, nos dá uma visão do trabalho das células e tecidos *antes* de a lesão ter ocorrido. Estamos progredindo nos meios diagnósticos e nos planos da matéria, o que causa dificuldade de adaptação pela resistência que o novo apresenta normalmente.

O uso de terapias nutricionais baseadas na compreensão da dinâmica molecular na saúde e doença (*Medicina Preventiva Molecular*), em contraste com a terapia das drogas químicas baseadas no quadro morfológico estabelecido de doença (*Medicina de Lesão Tecidual*), requer uma rápida e profunda adaptação intelectual.

Precisa ser bem entendida também a diferença entre correção de deficiências nutricionais por terapias nutricionais e o uso de nutrientes por seu papel metabólico.

O dogma de que nutrientes essenciais devem ser usados para correção de deficiências nutricionais é o principal bloqueio para a clara compreensão da *Medicina Preventiva Molecular*. Esta medicina não pode ser praticada até que essa barreira seja quebrada. Por exemplo, o uso da vitamina C somente para tratar escorbuto é irrelevante para os problemas clínicos que nós vemos atualmente. Pensa-se em uso clínico de nutrientes com grande perspectiva de correção de um processo desregulado de redução química, causando doenças, e não simplesmente na correção de deficiências, tais como o escorbuto.

Aprendemos medicina sob o dogma dos três D (Filosofia Osteriana): doença, diagnóstico, drogas. É a filosofia na qual se usam todos os dados clínicos para se chegar ao diagnóstico de uma simples doença, para ser tratada por um único agente terapêutico.

Drogas, sabemos, agem alterando as reações bioquímicas, inibindo, acelerando ou até inativando esses processos. Drogas são desenvolvidas para esse propósito.

Em tratamento de doenças agudas esses efeitos moleculares das drogas salvam vidas (apesar dos efeitos secundários). Em doenças crônicas, imunes e degenerativas, drogas xenobióticas* apresentam maior potencial para efeitos colaterais, pois são usadas por longos períodos de tempo, freqüentemente anos.

Este é o momento em que o tratamento com nutrientes com conhecido complexo estrutural e funcional em nível molecular mantendo a saúde oferece benefícios superiores sem qualquer risco de efeitos colaterais.

---

* Substâncias sintéticas, não encontradas naturalmente no corpo humano.

O essencial também é entender que terapia com um único nutriente (mononutriente) não tem lugar na prática clínica de *Medicina Preventiva Molecular.*

Há momentos em que os médicos devem usar somente drogas químicas sintéticas; outras situações em que devem associar drogas e nutrientes, e situações em que devem só usar nutrientes.

Compete ao médico ter a "cabeça-aberta" para assim melhor beneficiar o paciente.

Drogas químicas são essenciais para doenças agudas, mas não são substitutos para nutrientes na reversão de desordens crônicas moleculares.

Pensar molecular

O "pensar molecular" em doenças degenerativas, imunológicas, infecciosas e ambientais é muito facilitado pelo conceito de "moléculas envelhecedoras" (oxidantes) e "moléculas conservadoras" (antioxidantes).

Moléculas envelhecedoras são a família de moléculas que causam ou facilitam as mudanças na fisiologia ou na fisiopatologia molecular do envelhecimento e da agressão causados por infecções ou agentes ambientais.

Moléculas conservadoras são a família de moléculas que promovem a neutralização da atividade envelhecedora das moléculas e previnem a agressão molecular causada pelas moléculas envelhecedoras.

Oxigênio é o início da vida. Oxigênio é o fim da vida.

Os tecidos e células necessitam de oxigênio para viver. Isso entendemos bem no nosso estudo básico da ciência. Os tecidos e as células são também "envelhecidos" pelo oxigênio no processo de vida; porém, na prática médica diária, isso ainda é pouco compreendido.

Oxidação é um processo espontâneo, redução requer gasto energético.

Qual é a linguagem da agressão molecular?

Oxidação.

Qual é a linguagem da recuperação molecular?

Redução.

Qual é a linguagem do processo de envelhecimento?

Agressão Oxidativa Molecular.

Existem duas teorias prevalentes no envelhecimento. Na primeira teoria, a dos radicais livres, espécies altamente reativas de oxigênio seriam a causa do envelhecimento celular. Radicais livres, é claro, são produzidos pelo processo de oxidação.

Na segunda teoria de envelhecimento, *protein cross-linkage*, várias permutações de moléculas protéicas causadas pelo *cross-linking* (ligamento em forma de rede) são vistas como as causadoras do envelhecimento.

Novamente, *protein cross-linking* por si só depende da agressão oxidativa. Então ambas as teorias estão claramente implicadas na bioquímica do envelhecimento.

Oxidação espontânea é o fenômeno de base do processo de envelhecimento. O processo bioquímico e celular envolvido no envelhecimento inicia-se lentamente, sendo preservada a saúde pelas moléculas conservadoras. Nesse processo oxidativo pode haver doenças e envelhecimento precoce.

Este é o meu modo de entender saúde e estado de doença: todas as nossas estratégias terapêuticas para doenças degenerativas e imunológicas resumem-se em atuar diretamente reduzindo a oxidação molecular.

Como o processo oxidativo molecular causador de agressões pode ser reduzido?

- Reduzindo as agressões dos agentes ambientais químicos.
- Minimizando o potencial microbiano.
- Diminuindo os desencadeadores de alergia.

Esta é a verdadeira *Medicina Preventiva.* É onde o modelo prevalente do tratamento das doenças com drogas, estabelecido para diagnóstico morfológico, falha.

A agressão molecular oxidativa é a verdadeira "lesão molecular" na patogênese das doenças.

O estudo da dinâmica molecular nos dá a visão dos eventos eletromagnéticos e moleculares *antes* de se iniciar a lesão celular e tecidual. Esta é a diferença essencial entre *Medicina Clássica* e *Medicina Molecular.*

Rudolph Virchow, o criador da *Patologia*, publicou seu clássico livro *Patologia Celular* em 1858, nos livrando dos caminhos restritos da patologia medieval. Agora a "patologia molecular" deve nos livrar das restrições da "patologia celular" em áreas onde as mudanças celulares não nos dizem como as doenças começam.

Medicina Preventiva Molecular é a aplicação dos princípios da medicina ambiental, medicina nutricional e medicina de boa forma física.

Lesões Moleculares

O claro entendimento das lesões moleculares inicialmente envolve a exploração de novo conhecimento em diversos campos de pesquisa científica.

O claro entendimento das bases moleculares e energéticas das síndromes clínicas causadas por lesões moleculares exige familiarização com vários aspectos estabelecidos na genética, como passagens bioquímicas de defesa molecular, resposta molecular a agentes ambientais, ativação e inativação das enzimas, alterações do sistema imune e da molécula essencial de traços genéticos (parentesco) na biologia humana.

Trabalhos no projeto de genoma humano, contendo neste projeto o mapeamento genético, revelarão os mistérios moleculares da "doença molecular". Isso certamente resolverá muitas das controvérsias nos campos da *Medicina Ambiental* e *Nutricional.* Mas o reconhecimento de como os genes são mudados (e mutilados) pelos agentes químicos (xenobióticos) e causam doenças é uma coisa, prevenir e tratar essas desordens é outra.

Nenhuma doença que pode ser tratada através da dieta deveria ser tratada por qualquer outro meio.

Moisés Maimônides

Radicais Livres

Radicais livres são substâncias tóxicas produzidas pelo organismo que, em condições normais, ele próprio se encarrega de neutralizar. Porém, quando o nível dessas substâncias aumenta, ocorre um acúmulo de impurezas que pode gerar desde cansaço até doenças degenerativas, como osteoporose e câncer.

De todo oxigênio que respiramos, 95% serão usados para gerar energia necessária para a vida; porém, os 5% restantes são transformados, no organismo, em radicais livres, ou seja, são as reações catabólicas, de destruição, do oxigênio. Como exemplos de radicais livres podemos citar: superóxido, peróxido de hidrogênio e radical hidroxila.

No caso do superóxido, que é metabólito tóxico de oxigênio, sabe-se que ele adquire um elétron de um átomo de ferro, tornando-se então um radical livre. O organismo tem seus meios de destruir quase completamente essa substância indesejável, através da enzima superóxido mutase. Esta enzima elimina adequadamente o superóxido, porém, ao fazer isso, ela cria um segundo tóxico, que é o peróxido de hidrogênio.

Essa substância é neutralizada por outra enzima que se chama peroxidase, encontrada em grande quantidade no fígado e nos glóbulos vermelhos. A combinação de reações do superóxido com peróxido de hidrogênio vai produzir uma outra forma ainda mais lesiva e tóxica que as anteriores: o radical hidroxila, que para ser neutralizado necessita de antioxidantes adquiridos através da alimentação, pois não são produzidos pelo nosso corpo.

Os radicais livres são substâncias instáveis, de vida muito curta, que se reproduzem rapidamente, "em cascata", e desaparecem quando dois radicais livres se encontram e ocorre tanto a pareação dos elétrons quanto a destruição desses radicais.

Os efeitos lesivos provocados pelos radicais livres ocorrem nos lipídios, nas proteínas, nos carboidratos, nos ácidos nucléicos e nas lipoproteínas.

No caso dos lipídios, ocorre a lipoperoxidação, que nada mais é que a destruição da membrana celular. Nas proteínas ocorre a inativação das enzimas e a aceleração de fenômenos oxidativos com alteração estrutural no colágeno, o que provoca a arterosclerose.

Nos carboidratos, ocorre a despolimerização dos polissacarídeos, nos ácidos nucléicos, a mutação do DNA e do RNA.

Nas lipoproteínas, oxida o colesterol, favorecendo a produção do LDL, que é o colesterol lesivo.

É importante entender, também, que os radicais livres têm um papel importante nos processos infecciosos e inflamatórios.

Alguns dos glóbulos brancos liberam enzimas que dão origem a radicais livres que são importantes no combate a processos infecciosos. Quando o oxigênio chega ao local da inflamação é oxidado, gerando radicais livres que promovem a destruição da bactéria.

Torna-se importante ressaltar que, apesar do paradoxo, na mesma medida em que o oxigênio é vital, ele mata.

O QUE PRODUZ RADICAIS LIVRES

São produtores: oxigênio, alimentos que contêm agrotóxicos, aditivos, estresse, cigarro, álcool, radiação, algumas drogas químicas sintéticas, transplantes de pele ou de órgãos, toxicidade por metais pesados, poluição, isquemia etc.

Esses elementos gerarão o processo oxidativo ou o estresse oxidativo, que pode variar desde a injúria celular até a morte, passando por vários estágios, desde sintomas clínicos, envelhecimento, doença degenerativa até doença auto-imune.

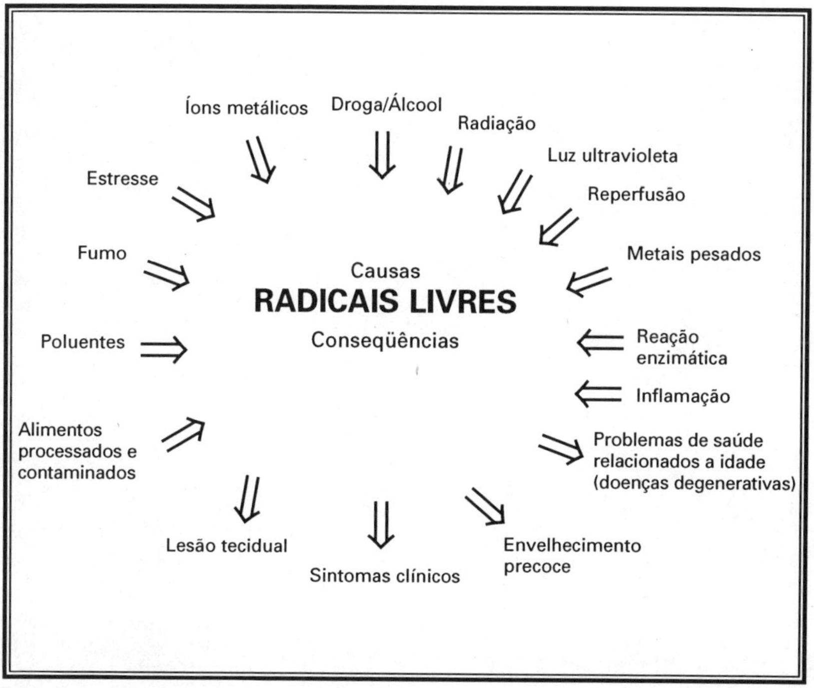

ANTIOXIDANTES

Antioxidantes são substâncias que reagem e neutralizam as formas **reduzidas** do oxigênio anteriormente discutidas, que são: superóxido, peróxido de hidrogênio e radical hidroxila.

A definição mais simples de antioxidante é: toda substância que impede outra substância de ser oxidada.

É mais importante saber que tipo de pessoa tem uma doença do que que tipo de doença tem uma pessoa.

Hipócrates

NUTRIÇÃO MOLECULAR

Nutrição molecular é aquela que visa produzir a quantidade ideal de nutrientes para as células do corpo, considerando as variações metabólicas entre os organismos causadas pelo decorrer dos anos e pelo estresse, no tocante a sua relação com o meio ambiente.

Respeitando a individualidade de cada organismo, a *Nutrição Molecular* estabelece uma estratégia para as seguintes situações:

1º) **Pessoas que estão** supersaudáveis, mas que se preocupam com o futuro e gostariam de manter a boa forma no decorrer de sua vida.

2º) **Pessoas que desejam** mudar suas regras e hábitos alimentares, buscando uma vida mais saudável.

3º) **Pessoas angustiadas** em razão de sérias incapacidades físicas ou psíquicas.

Os casos 1 e 2 são programas de manutenção e prevenção. Os da categoria 3, no entanto, usarão a *Nutrição Molecular* como programa de tratamento.

Um médico é obrigado a considerar mais do que
um órgão doente, mais ainda do que o próprio homem;
ele deve vê-lo em seu próprio mundo.
Harvey Cushing

DIETAS

DIETA VEGETARIANA

*O*s problemas do vegetarianismo: epidemiologistas sugeriram que as verdadeiras comunidades vegetarianas não podem se adaptar ao estresse adequadamente. Rechig (1983) assinalou que a maioria das proteínas vegetais têm deficiências de aminoácidos e são também insatisfatórias como fonte principal de proteína. Normalmente são deficientes nos seguintes aminoácidos: lisina, metionina, triptofano e treonina. Se forem cozidos inadequadamente, muitos legumes, incluindo a soja, a ervilha, o feijão branco, o amendoim e outros grãos, conterão inibidores da tripsina, que interferem na digestão da proteína e não são recomendados para as mulheres por sua baixa quantidade de cálcio, elemento importante na prevenção da osteoporose.

As vantagens de uma dieta basicamente vegetariana são devidas ao aumento das fibras e do betacaroteno, que protegem particularmente contra o câncer de cólon. Uma dieta totalmente vegetariana não é saudável, portanto, não se devem, excluir carne nem outras proteínas da alimentação. **Uma dieta rica em vegetais, grãos integrais e carnes magras parece ser a melhor.**

Dieta Equilibrada

Se quantidades suficientes de vegetais, de grãos integrais e de peixe forem ingeridas (produzidos organicamente*), as necessidades de carne serão provavelmente supridas. Um pouco de carne é necessário, pois esta é fonte de zinco. Mas a carne em excesso e a gordura devem ser evitadas, pois favorecem o desenvolvimento do câncer e das doenças do coração.

Tanto o frango quanto a carne vermelha recebem, em sua criação, antibióticos e hormônios, o que é transferido a nós. Esta situação deveria ser reduzida ou eliminada. Em suma, **nas dietas com carne devem-se comer grandes quantidades de vegetais, grãos integrais, peixe e nutrientes suplementares**. Acreditamos que essa combinação é a única que conduz à saúde perfeita para a maioria das pessoas. Porém essa combinação deve respeitar a capacidade de assimilação, pois existem grupos alimentares que não podem ser ingeridos juntos, pois nesses casos um deles não será absorvido adequadamente.

Estudos atuais mostram também que certas pessoas não podem ficar sem carne na alimentação, assim como outras devem ser exclusivamente vegetarianas.

---

* Produção orgânica é a produção, tanto de vegetais quanto de animais, que não utiliza componentes como agrotóxicos, pesticidas, hormônios, antibióticos etc.

“Enriquecimento” dos Alimentos

O ferro é um dos nutrientes retirados do trigo durante o seu processamento e refinamento (farinha de trigo branca). Poucos nutrientes (ferro, vitaminas B_1, B_2 e B_3) são parcialmente substituídos na denominada farinha enriquecida.

Diz-se que o processo de moagem do trigo ficou mais sofisticado por causa da necessidade de melhorar a remoção de impurezas e elementos estranhos ao produto. O processo de moagem quebra a parte central mais importante do grão, reduzindo as partículas formadas. Farelo e germe são quase que completamente separados da parte branca central do grão. Descobriu-se que o interior branco de aspecto farináceo tem melhor sabor que o conteúdo externo. Os consumidores têm preferência pelo trigo mais branco e puro, e os fabricantes começaram a usar produtos químicos para torná-lo mais branco. O *Council for Better Nutrition*, dos Estados Unidos, indicou outros motivos para o refinamento do trigo: "O germe é retirado primeiro, pois contém o óleo que pode se tornar rançoso, e a farinha beneficiada tem, portanto, tempo de conservação maior, além do que insetos e micróbios não procuram alimentos de baixo valor nutritivo".

Extraindo o farelo e o germe do trigo, o beneficiamento estará retirando:

85% do magnésio
60% do cálcio
78% do zinco
76% do ferro
77% da vitamina B_1
80% da vitamina B_2
81% da vitamina B_3 (niacina)
50% de ácido pantotênico (complexo de vitamina B)
72% de vitamina B_6
86% de vitamina E
27% de proteína

A moagem também "rouba" boa quantidade do fósforo, manganês, cromo, boro, iodo, ácido fólico e outras vitaminas, minerais e elementos conhecidos e desconhecidos, no total de 26, essenciais para a saúde humana.

O enriquecimento consiste em devolver quantidade relativamente pequena destes nutrientes que dificilmente são absorvidos.

Dieta Ácida e Alcalina

Os alimentos podem ser acidificantes ou alcalinizantes, conforme o seu modo de agir no organismo.

É importante para uma boa saúde manter o equilíbrio ácido-básico, pois a dieta muito ácida (predominante no mundo moderno) promove a retirada de cálcio-ósseo para neutralizar esta acidez, ou seja, o cálcio age como tampão desta reação bioquímica, havendo então o acúmulo deste mineral em outros tecidos, acelerando principalmente o processo de osteoporose.

DIETA ÁCIDA	DIETA ALCALINA
Açúcar, alimentos refinados Carne: peixe, frango e vaca Grãos Leite e derivados Álcool Refrigerantes Chás Massas etc.	Vegetais em geral Frutas em geral (principais: limão e laranja) Mel Aveia Centeio integral
PRINCIPAIS CAUSAS DE ACIDOSE Má nutrição Obesidade Estresse Problemas renais e hepáticos	**PRINCIPAIS CAUSAS DE ALCALOSE** Excesso de uso de drogas Alcalinizantes (ex.: bicarbonato de sódio) Colesterol alto Alteração hormonal Vômitos freqüentes
SINTOMAS Insônia Cefaléia Pressão baixa Constipação e diarréia Dificuldade para engolir Edema Problemas menstruais	**SINTOMAS** Dores musculares Bursites Protusão dos olhos Hipertensão Convulsões Tosse noturna Excesso de excitabilidade do sistema nervoso
MINERAIS Cálcio, magnésio, manganês ferro, zinco	**MINERAIS** Enxofre, cloreto, fósforo
FREQÜÊNCIA Maior	**FREQÜÊNCIA** Menor
OBS.: As frutas, apesar de paladar ácido, exercem efeito alcalinizante no organismo.	

Médicos são homens que prescrevem remédios dos quais eles sabem muito pouco, para curar doenças sobre as quais eles sabem menos ainda, nos seres humanos sobre os quais eles não sabem nada.

Voltaire

Fatores Alimentares

Alimentos Refinados

São alimentos que contêm açúcar, farinha refinada branca ou arroz polido, ou itens processados pelos fabricantes a partir de alimentos integrais e que contêm conservantes, preservantes e corantes. Esses alimentos, quando consumidos em grandes quantidades, geram alergia alimentar em várias pessoas, provocando desarranjos na dinâmica molecular, o que pode resultar em doenças.

Uma dieta alimentar desse tipo transforma-se numa doença alimentar, resultando especialmente nas chamadas doenças degenerativas da civilização, como as moléstias cardíacas e algumas formas de câncer, artrite e diabetes, nos adultos, e, nas crianças, alergia alimentar que pode provocar hiperatividade, dificuldade na aprendizagem e problemas de crescimento.

Os alimentos refinados são carboidratos refinados que suprem 45% das calorias da nossa média diária de dieta, porém, apenas 10% dos nutrientes essenciais, o que acarreta péssimo nível nutricional. Isso faz com que os chamemos de calorias vazias.

Exemplos de alimentos refinados:

1. Alimentos Dietéticos

Também podem ser prejudiciais à saúde por conterem maior quantidade de elementos químicos artificiais para a substituição do açúcar.

2. Leite

O leite, alimento destinado pela natureza a alimentar os jovens de cada espécie, é especificamente designado para o rápido crescimento das crianças. Nenhuma espécie de mamífero consome leite na idade adulta.

Para quase 25% das pessoas, a intolerância aos laticínios pode causar reações alérgicas, digestão pobre e o aparecimento de alteração de mucosa gastrintestinal. O organismo humano, em geral, não processa facilmente o leite de vaca, o creme de leite ou o queijo. Temos a tendência de ingerir em excesso esse tipo de alimento, o que provoca contínua e cumulativa tensão nos órgãos de excreção e no sistema venoso.

Mesmo as pessoas que não apresentam sensibilidade aos laticínios reportam o aumento de energia a pararem de consumi-los. Por causa da alta taxa de gordura encontrada nesses alimentos, a diminuição de seu consumo significa redução proporcional efetiva na perda de peso, assim como a diminuição da pressão sangüínea e dos níveis de colesterol.

Há dois elementos no leite e seus derivados que devem ser quebrados por enzimas orgânicas: lactose e caseína.

A lactose é quebrada pela enzima lactase, e a caseína é quebrada pela enzima renina. Por volta dos 4 anos, a renina passa a não existir mais no trato digestivo, assim como a lactase numa parcela da população. Essa é a forma em que a natureza nos mostra o momento de descontinuarmos certos alimentos.

A caseína é uma proteína do leite que se encontra trezentas vezes mais no leite de vaca do que no leite humano. Tem a consistência de cola, promovendo aderência de muco nas membranas celulares, especialmente no sistema respiratório.

O corpo humano não possui mecanismo digestivo para degradar a caseína, promovendo o aumento de secreções, muco, irritações e obstruções do sistema respiratório, o que induz o aparecimento de asma, bronquites, sinusites, coriza, infecções de ouvido etc. O leite e seus derivados são os principais causadores de alergias.

Os indivíduos com intolerância à lactose apresentam normalmente gases, distenção abdominal, cólicas e diarréia, que somem poucas semanas após a suspensão do leite e seus derivados. Cerca de 40% das crianças abaixo de 6 anos apresentam otite de repetição, associada ao leite de vaca. Há evidências de que bebês de até 6 meses que bebem leite de vaca têm incidência aumentada de diabetes tipo I. De acordo com o médico Hans Michael Dosch, da Universidade de Toronto, uma das proteínas do leite é muito parecida com as moléculas da superfície das células Beta do pâncreas, que produzem insulina. Quando o sistema imunológico reconhece a proteína do leite como corpo estranho, ataca-a, e isso causa ataque similar às células Beta, destruindo sua habilidade de produzir insulina e eventualmente causando diabetes.

O leite comercial é conhecido como o maior causador de deficiência de ferro em bebês, não sendo aconselhável o uso de leite de vaca antes de 1 ano de idade. Somando-se a isso, há o risco dos pesticidas, antibióticos e resíduos hormonais. Quanto mais gordurosos são o leite e seus derivados, mais se encontram os pesticidas, pois estes têm afinidade pela gordura.

Ao contrário do que diz a publicidade, os laticínios não são a melhor fonte de cálcio. A absorção é pobre por causa da pasteurização, do processamento, do alto teor de gordura e da relação de desequilíbrio quanto ao consumo do fósforo. Resíduos hormonais e aditivos encontrados nas pastagens do gado influem na incompleta absorção de cálcio e outros minerais. Em testes realizados com animais, os bezerros que foram alimentados com o próprio leite materno, mas primeiramente pasteurizado, não viveram mais do que seis semanas.

3. *Café*

Como a maioria dos prazeres humanos, existem boas e más notícias a respeito da cafeína. O uso moderado da cafeína tem sido visto com bons olhos durante séculos por seus benefícios terapêuticos. A maioria das sociedades usa a cafeína em alguma forma de alimento para combater a fadiga, lidar com a dor, melhorar a respiração, controlar o aumento de peso e ativar a circulação.

A cafeína é encontrada no café e chá preto, nos refrigerantes do tipo cola e soda, no chocolate e no cacau, nos analgésicos como o *Excedrin* e nos estimulantes.

Existe sólida evidência dos efeitos positivos da cafeína na *performance* mental, na clareza das idéias e nos reflexos em tempo menor. A cafeína estimula a serotonina, um neurotransmissor do cérebro produzido pelo triptofano, que aumenta a capacidade de desempenhar tarefas intelectuais e diminui a sonolência. Em doses modestas, melhora o humor e o estado de alerta através da liberação da adrenalina na corrente sangüínea. Ela mobiliza os ácidos graxos no sistema circulatório, facilitando maior produção de energia, resistência e rendimento no trabalho. É um potenciador direto na contração muscular para os esportes de curta e de longa duração, e no trabalho.

A cafeína também tem propriedades analgésicas. Tomar uma aspirina ou um analgésico homeopático com uma xícara de café aumenta os efeitos de alívio do analgésico.

Alguns problemas de saúde que a cafeína acarreta são também conhecidos: dores de cabeça e enxaquecas, irritabilidade, problemas digestivos e estomacais, ansiedade e aumento da pressão sangüínea. Se tomada com um estimulante adicional, age como uma droga, provocando tremores, sobressaltos e crises nervosas, doenças cardíacas e palpitações.

A cafeína, em doses excessivas, pode produzir ácido oxálico no organismo, causando uma série de problemas que podem se tornar doenças, localizadas no fígado, restringindo suas funções próprias, e constringir o fluxo do sangue arterial. A cafeína elimina as vitaminas B do organismo, particularmente a tianina (que controla o estresse). Esgota alguns minerais essenciais como o cálcio e o potássio (doses moderadas não provocam a eliminação do cálcio nem contribuem para a perda óssea). O excesso de cafeína afeta também as glândulas, especialmente as adrenais, pela exaustão, provocando desequilíbrios hormonais a ponto de tornar-se o principal fator do aumento de fibroma do pulmão e de problemas de próstata.

Também tem sido indicado nos sintomas pré-menstruais (TPM), nas infecções de bexiga (vesícula) e nas reações dos diabéticos hipoglicêmicos.

A seguir mostramos algumas condições do organismo e sua relação com a cafeína.

a) Cafeína e Gravidez

A cafeína deve ser evitada durante a gravidez. Assim como o álcool, ela pode atravessar a placenta e afetar o cérebro do bebê, o sistema nervoso central e a circulação. Estudos recentes mostraram, entretanto, que não existe relação entre o uso moderado da cafeína e a infertilidade.

b) Cafeína e Doenças Pulmonares

Existe uma incerteza a respeito da ligação entre a cafeína e os fibromas de pulmão, mas estudos clínicos atestam uma melhoria quase imediata quando o uso da cafeína é diminuído ou evitado nesses casos.

c) Cafeína e Pressão Alta

Excesso de cafeína pode elevar significativamente a pressão sangüínea e produzir ansiedade nervosa. Isso é particularmente verdadeiro quando a cafeína é combinada com fenil-propalamina, o moderador de apetite usado nas pílulas comerciais de dietas.

d) Cafeína e a Qualidade do Sono

A cafeína, se consumida no final do dia ou à noite, prejudica a qualidade do sono, fazendo com que se leve mais tempo para conseguir dormir.

e) Cafeína e Úlcera

A cafeína estimula as secreções gástricas, levando, às vezes, a problemas de azia, mas nunca foi ligada aos problemas de úlceras duodenais ou gástricas.

f) Cafeína e Dor de Cabeça

A cafeína provoca dores de cabeça em algumas pessoas e também provoca dor de cabeça se for descontinuada, depois de uso regular.

Alimentos	Quantidade aproximada de cafeína
Café, uma xícara pequena/descafeinado	4 mg
Instantâneo	65 mg
Chá, uma xícara pequena em infusão por 3 minutos	40 mg
Folhas de chá preto, em infusão por 3 minutos	50 mg
Folhas de chá verde, em infusão por 3 minutos	50 mg
Bebidas colas, copo pequeno	45 mg
Chocolate, cacau, xícara pequena	5 mg
Milk-shake de chocolate, copo grande	5 mg
Tablete de chocolate meio amargo (32 g)	30 mg

ÁGUA

1. VANTAGENS

A água perde apenas para o oxigênio na importância para a saúde humana. Nosso corpo é 65 a 75% feito de água e cada célula precisa dela para suprir suas funções essenciais. A água mantém o sistema equilibrado, lubrificado, descarrega excessos e toxinas, hidrata a pele, regula a temperatura do corpo, age como um absorvente de impacto para articulações, ossos e músculos, acrescenta minerais necessários e transporta nutrientes, minerais, vitaminas, proteínas e açúcares para assimilação. A água limpa o corpo por dentro e por fora. Quando o corpo recebe água suficiente, ele trabalha com sua potência máxima. A retenção de fluidos e de sódio decresce, as glândulas e hormônios aumentam suas funções, o fígado trabalha melhor e expele mais gordura e a fome é diminuída. Para manter esse maravilhoso ambiente interno, deve-se tomar muita água todos os dias – pelo menos 6 a 8 copos – para repor as perdas de eletrólitos e do fluido metabólico.

2. Os tipos de água e suas reações

Infelizmente, a maior parte de nossa água potável, hoje em dia, é clorada, fluorada e tratada até o ponto em que se torna um fluido irritantemente desagradável, em vez de um valioso benefício. A água encanada das cidades normalmente contém geradores de doenças diversas provocadas por bactérias, vírus e parasitas. Muitos elementos químicos tóxicos e metais pesados usados pela indústria e pela agricultura foram descarregados no subsolo, atingindo os lençóis freáticos ou represas e acrescentando-lhes mais poluentes.

Certos tipos de água de torneira são hoje tão ruins que, sem o enorme esforço do nosso corpo para eliminar esses poluentes químicos, teríamos ingerido o suficiente para virarmos pedra com a idade de 30 anos! A preocupação com essa falta de pureza está levando mais e mais pessoas a usarem apenas água mineral engarrafada, a qual também pode ter risco por contaminação da fonte.

A fluoretação, por outro lado, interfere na ação de algumas enzimas, agride a formação normal do feto, atua na formação da úlcera gástrica, cistite e enxaqueca, potencializa o acúmulo de alumínio, o que pode gerar e agravar a osteoporose e potencializar a manifestação da doença de Alzheimer. Por outro lado, em pequenas doses, reduz a incidência de cáries.

3. Até que ponto a água potável é segura?

Existem doenças trazidas pela água como a cólera, a hepatite e outras doenças sérias associadas com inúmeros parasitas, vírus e bactérias que podem contaminar a água potável. Foram descobertos, pelos órgãos de Saúde, mais de 700 agentes contaminantes diferentes nas fontes de água potável. Muitos desses contaminantes – como os pesticidas, a radioatividade, os aditivos da gasolina, os solventes de limpeza, os metais (como o cobre e o arsênico) e os produtos desinfetantes – têm sido correlacionados não somente à má-formação do feto, como também ao câncer de pulmão, fígado, rins e doenças do coração, bem como outras doenças prejudiciais à saúde.

Possíveis contaminantes da água potável		
Chumbo	Bactérias	Asbesto
Mercúrio	Vírus	Radon
Alumínio	Parasitas	Nitratos
Cádmio	Produtos químicos industriais	Fluoretos
Solventes orgânicos		Sódio
		Pesticidas

4. *ÁGUA TRATADA*

É importante adicionar-se cloro à água para evitar o crescimento de fungos e bactérias. Porém ele é útil apenas até nossas caixas-d'água; quando a água passa a ser consumida, dela deve ser retirado o cloro.

O cloreto (como na água clorada da torneira) foi usado durante a Primeira Guerra Mundial para matar pessoas. Atualmente a proporção é outra, porém sabemos que o cloro, combinado à gordura animal da alimentação (o que é consumido em toneladas), resulta numa combinação química cloreto-gordura, originando uma substância pastosa que adere nas paredes arteriais, propiciando o aparecimento de arteriosclerose e doença cardíaca. Quando o cloro é adicionado à água e reage com ácidos presentes normalmente nos reservatórios, forma-se o Trihalo-metano, que está associado ao aumento de risco de câncer.

Um segundo tipo comum de tratamento de água é a fluoretação. Consultando um dicionário, veremos que o fluoreto de sódio é uma substância venenosa, também usada no tratamento e na prevenção de cáries. É utilizado também nos venenos para rato, em produtos em pó contra baratas, em produtos industriais como corantes e plásticos, inseticidas, fungicidas, germicidas, solventes e até em extintores de fogo. Será que esse é o produto mais adequado para termos na nossa água ou naquela que é usada pelos dentistas na prevenção de cáries em crianças? Estudo desenvolvido em mais de duzentas cidades americanas mostra que o uso de silicofluoreto de sódio promove aumento importante na absorção de chumbo pelas crianças. Porém, com o uso de fluoreto de sódio ou sem fluoretação a porcentagem de crianças com alto índice de chumbo era bem menor.

A potabilidade da água fornecida depende cada vez mais de investimentos em produtos químicos para compensar a qualidade dos mananciais, a cada dia mais degradados. Só na represa de Guarapiranga em São Paulo nos últimos dez anos houve um aumento de 176% dos produtos químicos utilizados. Atualmente são jogadas cerca de 8,4 toneladas desses produtos químicos por mês, como o sulfato de cobre e alumínio (ação algicida e floculizante) e o cloro (ação bactericida).

5. *O EFEITO DO CHUMBO NA ÁGUA*

Podemos receber até 20% do total de chumbo a partir da água que bebemos. A contaminação do chumbo na água potável pode vir naturalmente de depósitos minerais no suprimento da água, mas a maioria do chumbo que contamina a água provém do próprio sistema de tratamento e distribuição, como um subproduto da corrosão de materiais como canos, soldas e juntas de chumbo, bem como torneiras e peças de bronze. Muitos fatores influem na quantidade de chumbo encontrada na água potável: a idade e a composição das peças confeccionadas em chumbo, o nível de acidez (corrosividade) da água e a duração do contato entre a água corrosiva e as peças de chumbo.

Sim! Entre as crianças, o chumbo tem sido associado ao desenvolvimento físico e mental retardado, prejuízos no cérebro e no sistema nervoso central, anemia, apoplexia e hiperatividade. As crianças podem apresentar baixos níveis de Q.I., aprendizado e níveis de linguagem lentos, atenção reduzida e *performance* pobre no aprendizado escolar. O Centro de Controle de Doenças dos Estados Unidos recomenda que as crianças deveriam começar a fazer exames de sangue para verificar o nível de chumbo a partir dos 6 meses de idade.

As mulheres grávidas e as que estão amamentando também correm riscos significativos. As grávidas podem passar o chumbo que está em sua corrente sangüínea para a placenta, levando-o até o feto. O chumbo pode prejudicar o desenvolvimento físico e mental do feto, provocar partos prematuros e peso reduzido no nascimento dos bebês.

Nos adultos, se estiver em níveis muito altos, o chumbo pode provocar prejuízos no cérebro, no fígado e nos rins, anemia, pressão alta, infarto do miocárdio e problemas de fertilidade, bem como retardamento mental. Além disso, existem estudos indicando que o excesso de chumbo pode causar até câncer.

Se suspeitar que você ou sua família ficaram expostos a altos níveis de chumbo, peça ao seu médico ou pediatra que faça testes sobre o nível de envenenamento por chumbo. O consumo de chumbo através da água potável pode contribuir para aumentar os níveis de chumbo no sangue. Altos níveis de chumbo na água podem indicar a presença de sérias ameaças à saúde e níveis acima de 10 microgramas por 100 mililitros de sangue podem provocar dano físico e mental irreversível. Isso é especialmente verdadeiro com relação a crianças. A EPA – agência de proteção ambiental americana – identificou o chumbo como sendo a ameaça ambiental mais prejudicial às crianças. Porque seus corpos ainda estão se desenvolvendo, as crianças absorvem e retêm chumbo mais facilmente que os adultos. Crianças abaixo de 6 anos e aquelas que ingerem alimentos preparados com água de torneira correm risco maior de contaminação por chumbo.

Existem vários passos que podem ser dados para reduzir a exposição ao chumbo e a outros metais.

Segundo *Friends of the Earth-GroundWater Protection Project*, dos Estados Unidos:

- A primeira coisa que se deve fazer de manhã, ou quando tiver se ausentado por mais de 6 horas de casa, sem usar as torneiras, é deixar a água da torneira da cozinha e do banheiro caírem até que ela fique nitidamente limpa.
- Cozinhar apenas com água fria. Nunca usar água quente de torneira para cozinhar (chás, massas etc.) ou para diluir comidas de bebês. Não deixar a água ferver por muito tempo para fazer comida ou para diluir alimentos prontos para bebês, pois o chumbo tende a se concentrar na água que não se evapora.

- Identificar e substituir qualquer cano que seja feito com chumbo em casa. A solda de chumbo tem uma aparência de metal cinza e pode ser identificada se for riscada com uma chave ou mesmo com a ponta da unha (ela ficará com aparência brilhante).
- Considerar a possibilidade de instalar em sua casa um sistema de filtragem reversível especial, que possa remover efetivamente o chumbo da água potável.
- A água engarrafada não é necessariamente mais segura do que a água da torneira.

Sal

É essencial em pequenas quantidades.

A maioria das pessoas está consciente de que o excesso de sal provoca doenças do coração e especialmente hipertensão.

A circulação é comprometida, os rins funcionam mal, o fluido corporal é retido e as enxaquecas ocorrem com freqüência. Sal em excesso pode produzir hiperatividade, agressividade e problemas em nível glandular.

Uma quantidade ideal de sal é necessária para o bom funcionamento intestinal, para o transporte de nutrientes nos tecidos, para ter órgãos e glândulas saudáveis. Pouco ou nenhum sal pode levar à falta de vitalidade e à perda de clareza mental, além de o sangue ter tendência a coagular.

O sal regular de mesa tem seu valor nutritivo, mas existem muitos outros meios de se obter o sal de que o organismo necessita: *shoyu*, algas, sal-marinho, sais de ervas e de temperos, sal de gergelim, bem como as comidas naturalmente fermentadas, como picles, condimentos e azeitonas: todos têm enzimas e propriedades alcalinizantes que melhoram o uso e a absorção do sal.

Pouco sal, não a sua supressão, é o melhor caminho para uma alimentação saudável.

Açúcar

O açúcar é visto como sinônimo de alegria, bons tempos e boa comida.

O consumo freqüente do açúcar contribui para a maioria das doenças mais conhecidas: diabetes, hipoglicemia, doenças do coração, colesterol alto, obesidade, miopia, eczema, psoríase, dermatite, gota, indigestão, doenças infecciosas, queda de dentes, entre outras.

O açúcar aumenta a produção de insulina para o metabolismo – um processo que promove o armazenamento da gordura. Cada vez que se come açúcar, algumas dessas calorias transformam-se em gordura, em vez de energia.

O excesso de açúcar pode desequilibrar os minerais no corpo. Ele retira particularmente o cálcio do organismo, sobrecarregando o corpo com resíduos ácidos que são responsáveis pelo enrijecimento articular. O açúcar impede absorção das vitaminas do complexo B no sistema digestivo, provocando problemas de pele, de nervos e digestivos.

O açúcar também ocupa lugar importante em muitas reações psicológicas negativas advindas de reação alérgica alimentar como, por exemplo, a depressão.

É um alimento que ingerimos quando estamos sob estresse e tensão. Ele parece satisfazer nossos paladares e psiques. Na realidade, ele leva à superprodução de acidez em nosso organismo, eliminando a vitamina B. Satisfação é a única coisa que não se tem comendo açúcar.

O consumo excessivo de açúcar tem sido responsabilizado por inibir a resposta imunológica do corpo e a resistência às doenças, pela inibição da liberação do hormônio do crescimento. Ele diminui também o controle das doenças, que é um fato comprovado para aqueles que têm diabetes e hipoglicemia, e também tem sido conhecido por afetar pessoas com triglicerídeos altos e pressão alta.

O fato de que se deva seguir uma dieta livre de açúcar não significa que se tenha que viver sem o sabor doce. Alimentos naturalmente adoçados com mel, melado, xarope de maçã, sucos de frutas ou malte de cevada podem satisfazer as necessidades de açúcar. Eles podem ser digeridos e metabolizados facilmente pelo corpo.

Adoçantes

Aspartame, o nome químico dado para um adoçante, consiste de três componentes: fenilalanina, ácido aspártico e metanol (sendo este último um veneno altamente tóxico).

Número significativo de pessoas alegam sofrer efeitos colaterais pelo uso do aspartame. As queixas mais comuns são as de que ele provoca mal-estar, náuseas, dores de cabeça freqüentes, desmaios ou vertigens e perturbações visuais.

O aspartame é uma substância altamente tóxica para aqueles indivíduos que herdaram a doença fenilcetonúria. Nesses indivíduos, **os aminoácidos acumulam-se em quantidades tóxicas no corpo e a fenilalanina do aspartame pode ser perigosa para eles**.

Embora tenha aumentado a preocupação com relação aos efeitos nocivos que o aspartame pode provocar nos fetos e nas crianças, nenhum efeito colateral foi ainda documentado. Entretanto, as grávidas deveriam evitar o aspartame até que testes mais completos sejam realizados quanto aos efeitos prejudiciais do aspartame para elas. Em vez de escolher sucos artificiais que devem ser adoçados, beba sucos de frutas naturais que já são naturalmente doces. Eles são nutritivos e não contêm conservantes, nem são artificialmente coloridos.

Manteiga ou Margarina

O que é melhor, a manteiga ou a margarina? Essa é uma controvérsia entre a indústria do óleo processado e a indústria do leite. Quem está certo?

A **manteiga** tem poucos ácidos graxos essenciais, contém colesterol (se a dieta possui os nutrientes adequados, não há problemas) e cerca de 10 a 15 vezes mais pesticidas do que os óleos vegetais.

Criadores de gado de leite dão antibióticos aos animais, os quais contribuem para o crescimento de fungos, bactérias etc. Contém ácidos graxos saturados e monossaturados, o que a torna relativamente estável. A manteiga é uma gordura neutra, nem boa nem ruim. Nas frituras, fungos e bactérias são destruídos. É de fácil digestão. Em excesso é perigosa para a saúde.

A **margarina** contém poucos ácidos graxos essenciais pela modificação dos óleos vegetais; por isso contém moléculas tóxicas (ácidos graxos TRANS). Não contém colesterol, tem menos pesticidas que a manteiga, não contém antibiótico, contém alumínio e níquel. Esses metais estão relacionados com processos degenerativos, como envelhecimento, osteoporose e câncer. Por sua composição, quando aquecida e usada em frituras, torna-se mais lesiva.

Tanto a margarina quanto a manteiga têm cerca de 20% do seu conteúdo em água. Na margarina, a água altera as estruturas dos ácidos graxos hidrogenados, e, conseqüentemente, o produto durante o tempo de depósito, transporte etc. A manteiga contém ácido graxo saturado, que não se altera com a água.

Ovos

Os ovos são alimento balanceado e rico em nutrientes. Com a produção em granjas, porém, perderam muitas propriedades.

Para os nossos ancestrais, o ovo era algo raro; como não tinham aves domesticadas, consumiam ovos em pequenas quantidades por ano. Com a domesticação dos galináceos, foi possível aumentar o consumo de ovos. Na produção de ovos em granja, em ambientes com pouco sol, estressante para as aves, elas passaram a ser alimentadas com rações, havendo alteração de alguns componentes básicos do ovo. Ele passou a ter menos ácidos graxos essenciais com a mesma concentração de colesterol, e, como esses ácidos são importantes para o transporte e metabolização do colesterol, o ovo passou a ser visto como um vilão em relação às doenças cardiovasculares. Até quarenta anos atrás, o ovo era considerado um excelente alimento, porém após essa época foi considerado a possível causa de acidentes cardiovasculares.

De 1950 a 1965, o consumo *per capita* de ovo passou de 390/pessoas/ano, para 315/pessoas/ano, nos EUA. Nesse mesmo período, as doenças cardiovasculares aumentaram, o que mostra que o ovo não tem relação direta com essas moléstias. Estudos recentes sugerem que o ovo realmente não pode ser considerado um potencializador da concentração de colesterol no sangue, exceto em doentes cardiovasculares em estágio avançado ou nos que apresentam desequilíbrio nutricional que impeça a neutralização do processo oxidativo do colesterol. **Nas pessoas que apresentam bom nível nutricional, não há problemas em relação ao consumo freqüente de ovo**. Nosso organismo tem condições de diminuir a sua própria produção de colesterol (mais ou menos 1.100 mg/dia) quando absorve, via alimentação, quantidades significativas dele. É um sistema de proteção orgânica.

Soja

A soja é consumida na alimentação asiática há cerca de 4 mil anos, e só recentemente sua utilização tem despertado interesse no Ocidente, apesar de haver certa resistência a seu consumo, supondo-se que seja algo de paladar duvidoso. Quando, porém, tomamos conhecimento dos seus benefícios, mudamos de idéia.

A soja é um alimento de alta qualidade, diferente de outros vegetais e legumes, pois contém todos os oito aminoácidos essenciais, o que a torna uma proteína completa, comparável à carne, ao leite, a derivados e ovos. Além disso, a soja é relativamente pobre em gorduras (a maioria é gordura poliinsaturada) e rica em fibras. Comparada à proteína animal, que contém muita gordura saturada e nenhuma fibra, a soja é uma excelente fonte protéica e um substituto saudável para o leite e a carne.

Protege o sistema cardiovascular de diversas maneiras. Primeiro, promove a diminuição do colesterol. Numa análise de 38 estudos controlados, publicados pelo *New England Journal of*

Medicine, em que se substituiu a carne pela soja, houve queda em média do colesterol total de 23,2 mg/dl, do colesterol LDL 21,7 mg/dl e dos triglicérides 13,3 mg/dl, enquanto em relação ao colesterol HDL, que é o protetor, os níveis não se alteraram. Segundo, certos componentes de soja, conhecidos como isoflavones (genisteína e daidzeína), protegem dos ataques dos radicais livres. A genisteína também reduz a tendência de hipercoagulação sangüínea, relacionada a infarto e a derrames, e impede a formação de placas que poderiam se aderir às paredes arteriais.

Além dessa propriedade antioxidante, a soja possui também uma leve atividade estrogênica (fitoestrogênio*). Diversos estudos têm mostrado que calores noturnos e secura vaginal são aliviados na mulher que consome soja na menopausa. Esses sinais melhoram após cerca de doze semanas do uso contínuo de soja. No Japão, onde o consumo de soja é vinte vezes maior que na América, as mulheres apresentam menos sintomas no período da menopausa.

A soja apresenta também potente efeito anticâncer, pois foram identificados nela diversos componentes preventivos contra a doença, como, por exemplo, inibidores de protease que neutralizam os oncogenes, que são mediadores da duplicação da célula cancerosa.

Além de rica em ácidos graxos essenciais, a soja contém substâncias que protegem a musculatura cardíaca e contribuem para a regeneração dos nervos. Contém também grandes quantidades de vitamina E. A genisteína e outros isoflavones são poderosos constituintes anticâncer pela sua ação antioxidante, contra-atacando os radicais livres, protegendo os genes de mutações e inibindo a angiogênese, que é o crescimento de novos vasos sangüíneos que alimentam o tumor. Minimizam os efeitos da exposição ao estrógeno, com isso reduzindo o risco de câncer nos seios e no endométrio. Sua ação não é específica só para mulheres, pois diminui

---

* Fitoestrogênio são plantas com estruturas químicas similares ao estradiol, o estrógeno predominantemente produzido no nosso corpo, que se adapta perfeitamente aos receptores estrogênicos. Ele induz sua atividade por mimetizar o estrógeno, sendo usado para aumentar seus efeitos de forma natural.

em ambos os sexos o risco de câncer de pulmão, cólon, reto e estômago, e em laboratório mostra inibição, pela genisteína, do crescimento do câncer de próstata.

A soja não fermentada ou processada apresenta alto nível de ácido fítico ou fitatos, que bloqueiam a absorção de minerais essenciais, inibem certas enzimas necessárias para a digestão de proteínas. Portanto, deve-se dar preferência ao produto fermentado ou processado, que apresenta pequena quantidade desses elementos negativos.

Deve-se também evitar os altamente processados, como alguns óleos de soja refinados, principalmente se forem hidrogenados, pela possibilidade de conterem ácidos graxos TRANS (v. capítulo sobre óleos, na página 167).

Alimento irradiado ataca a sua saúde

Alguns alimentos, como batata, trigo, aveia, ervas e condimentos, sementes e chá são expostos a material radioativo, processo esse aprovado nos Estados Unidos. O processo de irradiação dos alimentos dura minutos, dependendo do produto. A dose é medida em RADs (*Roentgen Absorbed Doses*). Um RAD é mais do que a radiação emitida por uma aplicação de RX. Trezentos RAD matam uma pessoa exposta diretamente e esterilizam quem não sofreu exposição direta. A dosagem aprovada é de 3 milhões de RAD nas ervas e condimentos.

O intuito da irradiação é aumentar a duração dos produtos. Não será melhor deixar os produtos estragarem naturalmente? Será que vale a pena preservá-los por mais ou menos dois meses, dependendo do produto? Será que o alimento não se torna radioativo? Segundo o FDA, isso só pode ocorrer caso haja mau funcionamento do equipamento. Os *experts* dirão que só ocorre uma em milhões de vezes. E se você ou o seu filho fossem os premiados? Chernobyl não aconteceu?

Dos estudos conduzidos nesse campo nos últimos trinta anos, raros mostraram segurança. Estudos em ratos, realizados na Rússia, mostraram o aparecimento de lesões renais e testiculares. Crianças, na Índia, que se alimentaram com trigo irradiado apresentaram danos cromossômicos e anormalidades sangüíneas associadas com leucemia. Na Alemanha, os cientistas encontraram tantas conseqüências que o processo foi proibido por lei. Os efeitos incluem mutação, redução de fertilidade, distúrbios metabólicos, diminuição de resistência a doenças, tumores etc.

Os alimentos irradiados, nos Estados Unidos, são aprovados pelo FDA e devem conter nos rótulos a denominação *Pico-Waved* ("Fique atento").

Alimento transgênico

Transgenia é tirar o gene de um ser vivo e passar para outro, aperfeiçoando o novo ser, seja vegetal ou animal.

É uma tecnologia fascinante, que promete ajudar na produção dos alimentos, tornando-os mais resistentes a certos fungos e bactérias, com a possibilidade de redução em até 50% do uso de agrotóxicos. Porém, não há dados seguros sobre os efeitos dos alimentos transgênicos para a saúde.

A preocupação que existe é que esses genes modificados para adquirir maior resistência aos antibióticos possam transferir-se para as bactérias que vivem no organismo humano e causar sérios problemas.

Pesquisas realizadas pelo dr. Aspad Pusztai, do Rowett Institute de Aberdeen, Escócia, com ratos alimentados com batatas transgênicas, mostraram que os ratos apresentaram alterações no sistema imunológico e em vários órgãos vitais. Os resultados foram endossados por cientistas de renome de vários países.

O mercado europeu e japonês não aceita esse tipo de produto. No Brasil, já estamos consumindo alimentos transgênicos sem nosso conhecimento, pois muitos dos produtos importados os contêm. A legislação de muitos países obriga que na rotulagem seja especificado se os produtos são transgênicos ou não. No Brasil, a discussão sobre o problema apenas começou.

Como ainda não há evidências de que esses produtos são ou não nocivos, a cautela é indispensável.

Vinho – A terapia dos antigos

Na mitologia grega, Dionísio associava o vinho à alegria e à elevação do espírito. Hoje o vinho é visto da perspectiva de bebida alcoólica, pois normalmente analisamos as conseqüências que sua ingestão em excesso pode produzir, causando agressão hepática e dando ocasião a acidentes fatais. Quando se fala em vinho deve-se ter sempre em mente o uso com moderação, na dosagem correta. A dosagem correta para promover a saúde é um copo por dia.

Os médicos egípcios já usavam suas propriedades medicinais há mais de 6 mil anos antes de Cristo. Mas foi Hipócrates, o pai da Medicina, que fez que o vinho fosse respeitado no domínio terapêutico. Ele age basicamente sobre o sistema cardiovascular. Em 1786, o médico inglês Herberder descrevia que com o uso do vinho havia melhora das anginas do coração.

Em 1979, estudo realizado na Inglaterra mostrou que, entre dezoito países ocidentais, a mortalidade por infarto do miocárdio era mais baixa naqueles onde se consumia vinho mais regularmente (na França e na Itália era de três a cinco vezes mais baixa que em outros países).

Em 1982, o dr. Masquelier, professor da Universidade de Bordeaux, descobriu os constituintes dos vinhos responsáveis por essa ação protetora: as proantocianidinas. Segundo o professor Masquelier, o vinho:

- acelera a metabolização do colesterol sangüíneo, evitando que ele se deposite nas artérias;
- estabiliza as fibras de colágeno que servem de suporte às diversas túnicas arteriais;
- neutraliza a produção local de histamina, suspeita de desenvolver o processo alergênico;
- potencializa a ação de vitamina C.

Na realidade, é no tanino do vinho que existem as proantocianidinas; então, quanto mais tanino, mais proantocianidinas.

O vinho não deve ser bebido em jejum, e, durante as refeições, deve ser tomado bem depois de seu início.

Na verdade, não existem especialidades na Medicina. Para conhecer a maioria das doenças mais importantes, um homem deve prestar atenção às manifestações dos seus próprios órgãos.

Sir William Osler

Fungos

(Candida albicans)

*O*s fungos são organismos unicelulares que pertencem ao reino vegetal. Um membro desta família é a *Candida albicans*, semelhante às leveduras, que normalmente vive no corpo, mas especialmente no trato digestivo. Ela pode consumir substâncias como açúcar e gorduras para sobreviver. Pode se apresentar em duas formas, dependendo do ambiente que a rodeia. Uma destas formas pode instalar-se entre a superfície das mucosas. Normalmente habita as mucosas do trato digestivo e vaginal.

Quando o sistema imunológico é forte, a *Candida* não consegue atingir os tecidos mais profundos ou entrar na corrente sangüínea e provocar doenças.

Quando ingerimos antibióticos, principalmente quando isso se repete (e a *Candida* normalmente não é atingida), acontece o processo de colonização e multiplicação que ocasiona a produção de toxinas. O crescimento da *Candida* no intestino pode também ter papel importante como causa de alergia alimentar e deficiência nutricional.

Ações no organismo

Quando fazemos uso de antibióticos criamos um desequilíbrio da flora intestinal e estes indesejáveis microorganismos se multiplicam rapidamente.

A multiplicação destes microorganismos dá-se também pela ingestão de refrigerantes, doces, chocolates, biscoitos, fermento biológico (usado na fabricação do pão), álcool e drogas como pílulas anticoncepcionais, corticosteróides e mais antibióticos.

Quais são os efeitos desses fungos anormais?

- Digestão pobre com gases, distensão abdominal, alternando diarréia com constipação, cólicas, fezes e hálito com odor acentuado, toxemia. A digestão é pobre porque as bactérias necessárias para a adequada "quebra" dos alimentos não podem agir, pois estes alimentos estão infestados pelos fungos nocivos. A distenção abdominal, em parte, provém do gás que a *Candida* produz quando se multiplica, alimentada pelo açúcar que lhe propiciamos.
- Quebra inadequada dos nutrientes, tendo como conseqüência a má absorção alimentar.
- A parede intestinal se torna irritada e inflamada pela presença da *Candida.* Com isso permite a passagem de moléculas grandes de alimentos através da mucosa, atingindo a circulação, e então são reconhecidas como "corpo estranho", provocando produção e migração de anticorpos para combater o inimigo, iniciando-se o que chamamos de *Alergia Alimentar.*
- A quantidade de bactérias "boas" não é suficiente para produzir as vitaminas de que precisamos, como a vitamina K, que é sintetizada no trato intestinal.
- Alguns fungos como *Candida krusei* e *Candida parapsilosis* produzem a substância chamada tiaminase, que destrói a tiamina (vitamina B_1) antes de esta ter chance de ser absorvida.
- A parede intestinal possui seu próprio sistema de desintoxicação (citocrômio P-450 mono-oxigenase) que começa a declinar com a inflamação da parede intestinal causada pela infestação dos fungos, permitindo então o aparecimento da ALERGIA A QUÍMICOS.
- Quando, na presença de antibiótico que destrói bactérias e permite crescimento desenfreado de fungos, o organismo os reconhece como invasores, produz então anticorpos contra estes fungos. Como conseqüência torna-se sensível à *Candida*, criando sintomas múltiplos.

- Nas regiões tropicais, como o Brasil, temos a *Candida tropicalis*, que é a mais resistente aos tratamentos convencionais. Em 1995, analisando exames de pacientes meus, o Dr. Bradford, do *Bradford Research Institute*, San Diego, Califórnia, ficou impressionado com a quantidade de *Candida* encontrada, levantando a hipótese de que seria algo do clima tropical, e pouco tempo após, nos meus estudos, encontrei a resposta: *Candida tropicalis*!
- Alguns fungos, como a *Candida albicans*, produzem acetaldeído, que provoca alterações emocionais, porque os neurotransmissores ou hormônios cerebrais devem ser degradados em aldeído para serem metabolizados.
- *Candida* pode produzir hormônios que mimetizam hormônios humanos e mesmo receptores para nossos hormônios na sua superfície. Ela produz estrógenos e esteróides (*Fungal Metabolites*, vol. II, Turner, WB; Academic Press, 1983) que podem reagir ou causar inibições dos nossos próprios hormônios.
- Muitas "vítimas da *Candida*" sentem-se bem melhor pela simples eliminação do açúcar. Há muitas explicações bioquímicas para isso, inclusive o fato de o açúcar (glicose) se ligar às proteínas reguladoras e aos ácidos nucléicos, que inativam enzimas, causa o funcionamento anormal dos ácidos nucléicos (material genético e proteínas reguladoras) e altera o reconhecimento de macromoléculas que podem iniciar processos alérgicos (Brownlee, M.; Vlassaro, H.; Cerami, A.; Nonenzymatic Glycosylation and the Panthogenesis of Diabetis Complications, *A Review, in Am. Int. Med.*, **101**: 527-537, 1984).

É interessante que a maioria dos pacientes com problemas de *Candida* apresentem grande deficiência nutricional. Não sei o que vem primeiro, se a deficiência ou a doença (Montes, L. F., e col.; Hypovitaminosis A in patients with mucocutaneous Candidiasis, *in J. Infect. Dis.* **128**, (2), 227-230, 1973).

Certamente o número de drogas administradas pode causar perda de muitos nutrientes, o que raramente é monitorado (Roe, D. A.; Nutrient and drug interactions, *in Nutrit. Reviews,* **42**, (4), 141-154. Apr. 1984).

Em todo lugar antigas normas mudam,
feliz é aquele que pode mudar.
Dr. Sir William Osler

Colesterol

Não existe substância nutricional tão controversa quanto o colesterol. Ele tem duas funções em relação à nossa saúde: uma vital e outra lesiva.

O colesterol é essencial para nossa saúde, mas não precisamos recebê-lo da dieta. Nosso organismo pode produzi-lo do metabolismo de açúcares, gorduras e proteínas.

Quanto mais calorias se consome, mais estímulo há no nosso organismo para produzir colesterol. A vida não é possível sem o colesterol. O colesterol LDL (*low density lipoprotein*) é rotulado como "mau" por levar os lipídios para as paredes arteriais. O colesterol HDL (*high density lipoprotein*) é chamado de "bom" por transportar o colesterol para ser depositado no fígado. Quanto mais estresse se vivencia, mais colesterol nosso corpo produz, porque o colesterol é um precursor dos hormônios do estresse.

A função do colesterol é manter fluidez das membranas celulares, produzir os hormônios esteróides (estrógeno, testosterona e progesterona); produzir hormônios corticoadrenais (aldosterona e cortisona); produzir vitamina D e sais biliares. O colesterol também é secretado na nossa pele, mantendo-a protegida contra desidratação, rachaduras, agressão do sol, vento e água e também contra infecções por organismos estranhos.

As drogas que promovem a diminuição do colesterol colocam no nosso sistema de desintoxicação uma quantidade extra de xenobióticos (produto químico), ligando-se a importantes nutrientes, não sendo então absorvidos no intestino. Também sobrecarregam o fígado, que ainda tem que sintetizar o colesterol para o funcionamento hormono-sexual e hormono-adrenal e manter a integridade das artérias (impedem seu colabamento). Essas drogas para abaixar o colesterol interferem no sistema de desintoxicação do trato gastrintestinal assim como na ação das enzimas que agem na parede gastrintestinal (mono-oxigênio).

Infelizmente, quando essas drogas são usadas, raramente é aconselhada a eliminação do açúcar, que é conhecido como "promotor" de arteriosclerose. Não se dosam magnésio, vitamina B_6, ácidos graxos essenciais, cromo, zinco e outros nutrientes necessários para um adequado metabolismo do colesterol.

Sem esses nutrientes, parte do colesterol acaba aderindo às paredes arteriais.

O que aconselho é antes de usar drogas químicas sintéticas procurar, por vias bioquímicas, bloquear as aberrações, propiciando o metabolismo adequado para o seu colesterol, associando aos hábitos nutricionais adequados exercícios, eliminação do açúcar e alimentos processados, carne vermelha, derivados do leite, enfatizando grãos integrais e vegetais frescos.

Todas as drogas químicas usadas para diminuir a síntese hepática do colesterol agem por inibição da atividade da enzima 3-hidroxi-3-metilglutaril-coenzima A (HMG-coA) ácido mexalônico. Biossíntese, tanto de colesterol quanto de coenzima Q_{10}, requer ácido mexalônico.

Essas drogas diminuem a biossíntese de coenzima Q_{10} (essencial para a sobrevivência e saúde). Está envolvida em múltiplas ações orgânicas e intimamente envolvida na síntese do trifosfato de adenosina (ATP), a molécula energética básica de cada célula. A coenzima Q_{10} é importante para a musculatura cardíaca, protege nosso organismo contra patologia de gengivas, câncer e alergias, melhora a habilidade intelectual.

Por que a natureza teria criado o LDL se ele nos mata?

O LDL tem sua função: transporta betacaroteno e CoQ_{10}. Muito pouco LDL talvez não carregue a qualidade suficiente desses antioxidantes para inibir o crescimento de células tumorais, ajudando aqui a explicar por que a diminuição artificial do nível do colesterol aumenta o risco de câncer. É a função do LDL como formador de hormônios esteróides e do precursor do DHEA, todos necessários para uma boa saúde. Além disso, o colesterol age como um antioxidante para ajudar o organismo no combate às toxinas da dieta e do ambiente. Isso ajuda a explicar por que o corpo produz mais colesterol depois de lesão arterial, quando as placas são revestidas e por que a excessiva diminuição do colesterol provoca câncer e colabamento das artérias.

Todo colesterol é benigno, até que seja oxidado. O colesterol se torna um problema quando não se têm micronutrientes, vitaminas e minerais necessários para metabolizá-los no nosso corpo. As pesquisas mostram que os indivíduos com quantidade suficiente de todas as vitaminas e minerais mantêm níveis normais de colesterol, protegendo-se contra arteriosclerose.

A diminuição natural do colesterol com suplementos nutricionais, dieta e exercícios melhora o humor; mas a redução excessiva, através de drogas químicas, diminui a serotonina (neurotransmissor central), aumentando a hostilidade e a agitação mental. É importante entender que o colesterol não participa na lesão arterial inicial, podendo não se acumular nas paredes arteriais por meses após a injúria arterial.

O aumento de colesterol, ácido úrico e outros é simplesmente o mecanismo de defesa da agressão oxidativa, assim como a febre não é uma doença, mas sim um sinal dela.

Artificialmente diminuímos o colesterol, como usamos aspirina para reduzir a febre, quando na realidade colesterol e temperatura se elevam para defender o próprio corpo.

Precisamos tratar as doenças de base!

O veneno está em tudo. A dosagem pode transformá-lo em veneno ou remédio.

Paracelso

ESTRESSE

Os pesquisadores têm definido o "estresse" como um conjunto de respostas ou reações a agressões e mudanças radicais de ordem física, psíquica, infecciosa ou do meio ambiente que venha a alterar o estado de equilíbrio do organismo.

As respostas a essas agressões podem se traduzir em dores, desordens gastrintestinais e sintomas emocionais tais como: ansiedade e insegurança, náusea, irritabilidade e, eventualmente, até desespero.

Para muitos, o estresse é causador de várias doenças ou desvios de comportamento, como ansiedade, pressão alta, úlceras, infarto do miocárdio, depressão, suicídio, alcoolismo, enxaqueca, problemas renais, asma, câncer e outras, além de ser reconhecidamente um dos principais causadores de envelhecimento precoce. É possível falar em termos de estresse mental, emocional, térmico, químico e físico. Nesses casos, o estresse não é considerado por si só doença.

Normalmente, para as pessoas de meia-idade, a ansiedade gerada pelo estresse advém de problemas pessoais relacionados à vida familiar, profissional e financeira.

As agressões ambientais também podem ser consideradas como geradoras de estresse. Dentre elas, poderíamos citar produtos químicos utilizados cotidianamente em casa, pintura de móveis, carpetes, além da própria radiação solar ou atômica.

Atualmente nos deparamos com nova e preocupante realidade, que é o envelhecimento precoce resultante de alimentação inadequada e da potencialização dos efeitos do estresse.

Tanto o estresse físico como o mental aumentam à medida que ocorre perda de vitamina C, zinco e sais minerais e que os nutrientes são consumidos com maior rapidez. Essa situação tende a piorar com a má nutrição.

Passamos a maior parte de nossa vida ou dentro de casa, ou dentro do escritório, o que propicia um ambiente agressivo ao sistema imunológico pela existência de carpete, móveis sintéticos, pintura, tipo de luz especial, material imitando tecido, produtos de limpeza, fibras sintéticas utilizadas para fabricação de vestuários e revestimentos etc. É preciso não esquecer também os danos causados pelos produtos químicos que entram em nosso corpo pelo ar que respiramos, ou pelo que comemos, ou pelo que bebemos.

Há uma curiosa coincidência, quase uma correlação estatística altamente positiva, entre a busca (ou conquista) dos bens materiais preconizados pela ideologia do consumismo e a fase em que o indivíduo começa a se tornar incapacitado pelas doenças e sem condições de desfrutar o que conseguiu.

Se isso é um dado da realidade, o importante é pôr fim à coincidência, prolongar o estado de saúde a fim de que seja possível aproveitar o que se construiu. Há pessoas que aparentam e se sentem mais jovens cronologicamente do que realmente são.

Essa "juventude" não ocorre por acaso mas, sim, é fruto da disciplina e dos cuidados constantes com a saúde, através de dieta saudável, nutrição molecular, atitude adequada perante a vida e a prática de exercícios físicos com moderação.

Estresse oxidativo

É a relação entre a agressão ambiental e o nosso sistema de defesa, que seriam as enzimas e os nutrientes. Quando a agressão é maior do que a capacidade de defesa do organismo, ocorre desequilíbrio. Essa diferença entre a agressão e a defesa é o estresse oxidativo.

Quanto maior o estresse oxidativo, maior é o processo lesivo molecular, que promoverá desde a simples agressão molecular até a lesão celular e tecidual, podendo levar ao processo prematuro de envelhecimento e às doenças degenerativas.

Podemos encontrar tempo para exercícios ou economizar tempo para a doença.
Dr. Majid Ali

DOENÇA DEGENERATIVA

É a acelerada destruição molecular, forma prematura de envelhecimento molecular e tecidual. É supostamente parte do envelhecimento natural, o resultado do desgaste produzido pela vida.

O que nem todos sabem é que se podem curar algumas doenças degenerativas e não somente estacioná-las ou suprimi-las, tendo controle completo sobre todos os sintomas.

É possível transformar degeneração em *regeneração.*

A mais conhecida doença degenerativa é a arteriosclerose, ou "endurecimento das artérias", sendo a principal causa de morte no mundo civilizado.

Com o passar dos anos, as artérias tornam-se endurecidas, com depósitos de colesterol, cálcio e produtos químicos que o sistema de desintoxicação não pode transformar ou eliminar. Nesse processo de envelhecimento as artérias lesadas parecem ser os depósitos de "lixo tóxico" que o corpo não tem outra forma de eliminar.

Como conseqüência, as artérias ficam mais estreitas e enrijecidas em decorrência dos depósitos acumulados em suas paredes, tornando a alimentação dos órgãos, especialmente coração e cérebro, insuficiente e um dos primeiros sintomas é a alteração da pressão arterial.

Podemos então ter falência cardíaca, angina, infarto, dores severas nas pernas ou no abdômen por má oxigenação tecidual de membros inferiores em conseqüência de obstrução das artérias, senilidade, mudança indesejável de personalidade, funcionamento ineficiente das glândulas (pâncreas agredido gera diabetes, a deficiência de tireóide provoca exaustão por hipotireoidismo), impotência etc. Além disso, podem ocorrer também manifestações como artrite, catarata, câncer e muitas outras.

Desde que se entendam as alterações bioquímicas que levam às doenças degenerativas, vários tipos de correção são possíveis. Todos eles possibilitando a regeneração, por dieta, por desintoxicação ou por uso de nutrientes em quantidades terapêuticas.

A doença é a retribuição da Natureza ultrajada.
Hosea Ballou

Nutrientes não São Drogas

*E*xiste a tendência a se pensar que nutrientes são drogas, o que não é real.

Existe a profunda diferença entre drogas e nutrientes, que veremos a seguir.

Drogas x Nutrientes

As drogas químicas sintéticas são elementos estranhos ao organismo. Por isso, a partir do momento em que tomamos determinado medicamento via oral ou de outra forma, o organismo começa a decompô-lo para, em seguida, eliminá-lo após produzir o efeito esperado.

Os nutrientes, ao contrário, são essenciais e familiares ao nosso organismo, que age rapidamente no sentido de utilizá-los.

É importante que se saiba que nem o corpo nem as células necessitam em situações normais dos componentes das drogas químicas. Ter dor de cabeça, por exemplo, não significa que exista deficiência de aspirina.

Na mesma medida em que as drogas interferem no metabolismo bloqueando ou estimulando suas vias bioquímicas, os nutrientes dão suporte ao metabolismo, preenchendo as deficiências dessas vias de forma natural.

As drogas têm atividade terapêutica imediata na parte afetada, ao passo que os nutrientes têm efeitos terapêuticos em diferentes partes do organismo de forma gradual.

É importante ressaltar que as drogas podem ser perigosas quando ingeridas em conjunto, ao passo que os nutrientes precisam uns dos outros e funcionam melhor em conjunto.

A maioria das drogas não funciona, ou seja, é ineficaz para alguns indivíduos (idosos, por exemplo). Por outro lado, **os nutrientes sempre funcionam para qualquer indivíduo** e têm papel essencial na saúde humana.

Outro aspecto a ser observado é que as drogas, com exceção dos antibióticos, têm normalmente o papel de aliviar os sintomas. **Já os nutrientes agem sobre as causas.**

As drogas, em geral, apresentam alto grau de toxicidade. A maioria apresenta efeitos colaterais simples, porém, outras apresentam sérios efeitos colaterais. No caso dos nutrientes, entretanto, quando se detecta a sua falta, a ingestão deles em doses apropriadas não apresenta problemas, pois são naturais no organismo. Sua ausência afeta no sentido de propiciar o surgimento de doenças, ao passo que seu suprimento pode curá-las.

O que é verdadeiro não é necessariamente o que é aceito.

Dr. Robert C. Atkins

Fatores Ambientais

Poluição de Interiores

Atualmente sabemos que a quantidade de agressores dentro de casa é oito a dez vezes mais importante do que a poluição externa, como fonte de doenças crônicas em pessoas suscetíveis.

Dentro de um ambiente estamos sob constante exposição advinda de diversas fontes, ao passo que a poluição externa corresponde somente a 10% do tempo de nossa vida; é uma exposição intermitente a produtos e as fontes são limitadas.

Os poluentes de interiores de maior importância são:

- **Pesticidas:** inseticidas, herbicidas.
- **Produtos para combustão:** gás e produtos derivados do tabaco.
- **Produtos de construção:** derivados de formaldeído, carpetes, azulejos, pisos, tinta de parede, móveis imitando madeira etc.
- **Solventes orgânicos:** encontrados em pinturas, mobílias, tecidos, produtos de lavanderia para limpeza a seco, amaciantes e engomadores, xampu de tapetes, colas de móveis.

Em relação à poluição de ambientes temos mais quatro itens de importância secundária:

- **Cosméticos e produtos de toalete:** perfume, desodorante, xampu, condicionador, tinturas.
- **Plásticos**.
- **Produtos de limpeza:** sabões, polidores, detergentes, limpa-vidros, desodorizadores de ambiente etc.
- **Material usado para confecção** de tapetes, roupas sintéticas, colchões e edredons, sapatos e estofados etc.

Para que se desencadeie alguma **sensibilidade química** importante, é necessária a presença de alguns fatores: sua ação negativa dependendo do **tempo** de uso, da **toxicidade** do produto e da **freqüência** com que se usa tal produto. Esses produtos podem ser absorvidos de três formas no nosso organismo: podem ser **inalados, ingeridos** ou **absorvidos pela pele**. Quando absorvidos, têm afinidade maior por estruturas lipídicas que são mais vulneráveis aos produtos químicos, como é o caso das células do cérebro (o cérebro é o órgão mais gorduroso do corpo) e do sistema nervoso principalmente. Tanto é que a membrana celular é uma estrutura lipídica altamente vulnerável a esses elementos, permitindo sua entrada e provocando alterações no metabolismo celular (o cérebro é o principal alvo).

Sintomas mais comuns na exposição a estes xenobióticos ou agentes tóxicos são: depressão, fadiga, memória diminuída, falta de concentração, idéias dispersas, dor de cabeça, sensação espacial ou aérea, tonturas, confusão mental, irritação nos olhos e garganta, laringite, tosse crônica, asma, bronquite, palpitações, erupções da pele e outros sintomas.

Muitas vezes o sistema orgânico tem uma ação suicida e, para poder eliminar elementos químicos, destrói partes metabólicas próprias.

A desintoxicação natural do nosso organismo pode ser prejudicada ou bloqueada por:

- Deficiências: vitamínica, de minerais, de aminoácidos, de ácidos graxos essenciais.
- Agentes químicos estranhos ao nosso organismo que este não consegue eliminar.
- Enzimas envenenadas por metais tóxicos, como alumínio, mercúrio, cádmio e chumbo.
- Fatores genéticos (falta de enzimas).

Poluição de Exteriores

Cada vez mais está se tornando presente no nosso meio ambiente metais pesados, como chumbo, mercúrio e alumínio.

Não deveríamos ter esses metais no nosso corpo. Como não temos condições de eliminá-los de forma eficiente, estes geram sérios problemas à nossa saúde. Esses metais impedem o normal funcionamento celular, causando então enfraquecimento do sistema imunológico, envelhecimento precoce e aparecimento de doenças degenerativas.

Atualmente devemos estar conscientes acerca desse problema, procurarmos o modo ideal de medir a existência desses metais no ar, na água, no nosso alimento e aprendermos mais sobre como nos contaminamos com eles. Assim poderemos agir de forma preventiva, de modo a evitar excessiva exposição e acúmulo, fazendo programas de desintoxicação periódicos para que se mantenha o menor nível desses metais nas células.

Análise de cabelo (mineralograma) é a melhor forma de se avaliar a presença e o acúmulo desses elementos tóxicos.

Eletropoluição

1. Campos eletromagnéticos à nossa volta

Vivemos em um "ambiente elétrico" do qual dependemos, seja para os afazeres domésticos, seja para nosso trabalho.

Os cientistas da Agência de Proteção Ambiental americana estão trabalhando para classificar campos eletromagnéticos como **Carcinogênico Classe B** (da mesma forma que é classificado o cigarro).

Pela manhã, acordamos com o som do radiorrelógio digital. Em seguida, usamos um barbeador elétrico, um secador de cabelos ou uma escova de dentes elétrica. Após essas atividades, dirigimo-nos à cozinha, onde colocamos fatias de pão na torradeira e ligamos a cafeteira.

Várias pessoas, ao se dirigirem ao trabalho, utilizam-se de metrô ou ônibus elétrico. Ao chegarem ao escritório, as pessoas convivem com computador, máquina xerox, fax, telefone celular, lâmpadas fluorescentes etc.

À tarde, quando voltam para casa, utilizam o forno de microondas, ou o forno elétrico, e finalmente se sentam para relaxar por algumas horas em frente à tevê ou com fones de ouvido.

Essa descrição do homem dos dias atuais evidencia como ele está envolvido pelos campos eletromagnéticos. É importante recordar também que todo aparelho ligado a uma tomada, esteja ele em funcionamento ou não, está gerando campo eletromagnético.

2. Bioefeitos dos campos eletromagnéticos

- Alteram neurotransmissores que carregam impulsos nervosos através das membranas celulares.
- Alteram o fluxo do íon cálcio na ação reguladora da atividade de crescimento da célula normal.
- Inibem a melatonina, que é um hormônio que regula o ciclo circadiano (o que chamamos relógio biológico). Esse ciclo circadiano controla o ritmo do sono, a hora de acordar e o humor, e tem importante ação oncostática. A melatonina diminuída contribui para a depressão, alteração do humor e certas desordens psíquicas.
- Provocam falhas na reprodução: nascimento de crianças com defeitos; mães que usam cobertores elétricos na gestação têm o dobro de chance de ter filhos com tumor cerebral.

3. Campos eletromagnéticos em casa

Dormitório

- Cobertores elétricos ligados à tomada criam campos eletromagnéticos. Desligue e retire da tomada antes de ir para a cama.
- Relógio digital: mantê-lo longe da cabeça (distância de um metro), ou melhor, substituí-lo por um a pilha, pois neste caso não produz campo eletromagnético.

Banheiro

– Escova de dentes elétrica: substitua-a por manual; secador de cabelos, aparelho de barbear: evite-os o quanto possível; lâmpadas fluorescentes: troque-as por lâmpadas comuns.

Cozinha

– Geladeira, *freezer*, microondas (transmitidos pelo transformador), cafeteira, tostadeira: é aconselhável manter-se longe desses aparelhos enquanto funcionam.

Sala de lazer

- Tevê, vídeo, aparelhos de som, computador pessoal, telefones portáteis e celulares produzem ondas de alta freqüência. Usados próximos ao corpo, as ondas de alta freqüência podem afetar a glândula pineal produtora de melatonina, exatamente no centro da cabeça, onde os antigos diziam estar o místico terceiro olho.

Estudos epidemiológicos mostram a grande incidência de neoplasias geradas por campos eletromagnéticos, especialmente em crianças que são mais suscetíveis.

Residências próximas a geradores de energia de alta tensão e cabos transmissores estão sob campo eletromagnético de grande magnitude. Para escapar da área de intensidade lesiva é necessário estar a pelo menos 1.500 metros de distância desses geradores.

4. *Microondas*

Os microondas produzem ondas de alta freqüência que se alternam em direções positivas e negativas, causando vibrações com freqüência de até 2,5 bilhões de vezes por segundo nas moléculas alimentares. Isso gera fricção e calor. Imagine se você vibrasse seu carro 2,5 bilhões de vezes por segundo até ele se tornar vermelho com o calor. O metal derreteria, os vidros quebrariam e os pneus desintegrariam.

As empresas que produzem os microondas dizem que eles não interferem na composição química dos alimentos e líquidos, mas não é bem assim.

Em abril de 1992, o *Jornal dos Pediatras*, da Universidade de Stanford, Estados Unidos, relatou que o aquecimento do leite materno num microondas destruía 98% dos anticorpos de imunoglobulina-A, necessários à imunidade que o leite materno fornece ao bebê, e reduzia 96% da atividade lipossômica, que inibe o crescimento das bactérias. Os pesquisadores concluíram que a própria radiação do microondas pode causar prejuízos ao leite materno exposto antes de ser aquecido. Após essa conclusão, o Centro Médico da Universidade de Stanford não usa mais microondas para aquecer o leite materno.

ALIMENTOS PREPARADOS NO MICROONDAS PODEM CAUSAR MUDANÇAS PATOLÓGICAS NAS CÉLULAS DO CORPO

Num estudo realizado na Alemanha em 1994, oito pessoas foram alimentadas com uma refeição matinal que incluía leite ou vegetais levemente cozidos, e alguns deles recebiam alimentos que haviam sido preparados no microondas. Durante dois meses, esses voluntários tinham seu sangue colhido três vezes ao dia, para testar o nível dos nutrientes e das bactérias.

As medidas do sangue dos que comeram alimentos preparados no microondas eram particularmente preocupantes porque indicavam mudanças nos alimentos que não podiam ser detectadas antes de eles serem ingeridos. Eis algumas das descobertas:

- O aquecimento do leite ou o cozimento dos vegetais no microondas estavam associados ao declínio de hemoglobina em vários níveis. Tais reduções podem significar anemia, que pode levar ao reumatismo, à febre e à insuficiência da tireóide.
- O cozimento dos vegetais no microondas estava associado à queda brusca dos linfócitos e ao aumento crescente na contagem dos leucócitos. Estranhamente, isso indicava que os indivíduos estavam respondendo aos alimentos como se eles fossem agentes infecciosos.
- Os níveis de baixa e alta densidade de lipoproteína – medidas de colesterol – aumentam significativamente após o consumo dos vegetais preparados no microondas.
- Os níveis de radiação dos emissores leves de bactéria eram mais altos naqueles que consumiam alimentos preparados no microondas, sugerindo que a energia liberada pelo aparelho pode ser transferida do alimento para o indivíduo.

Não é surpresa que o aquecimento dos alimentos no microondas resulte na perda de nutrientes. Todos os métodos de aquecimento fazem isso, embora o aquecimento através do microondas resulte na produção de perdas maiores de nutrientes. Entretanto, o que mais alarmou os pesquisadores foi o fato de que o sangue daqueles que consumiram alimentos preparados no microondas mostrou mudanças patológicas nas células dos seus organismos.

Todo aquele que nega um método porque não o compreende não é um cientista.

Físico astrônomo Reeves

Individualidade Bioquímica

*E*nquanto todos temos em comum o fato de precisarmos de proteínas, gorduras e carboidratos, e das mesmas cinqüenta substâncias essenciais para conseguir ter e manter uma boa saúde orgânica – porque somos únicos bioquimicamente –, diferimos na capacidade de digerir, assimilar e metabolizar os alimentos e nas estruturas químicas das nossas enzimas, portanto na eficiência do nosso sistema enzimático. Temos necessidades nutricionais diferentes. Além disso, diferimos nas nossas preferências alimentares, o que freqüentemente reflete nossa genética e diferenças bioquímicas.

Por isso devemos encontrar para cada um a melhor alimentação e estabelecer individualmente a necessidade de cada elemento nutricional essencial adequado para propiciar a condição e a sensação de ter o melhor em termos físicos e mentais. Estudar essa individualidade bioquímica é a base da Medicina Preventiva, que consiste em dar à célula os elementos básicos à sua função: vitaminas, minerais, aminoácidos, enzimas e hormônios. Sem eles não podemos desfrutar da saúde no seu mais importante significado.

Os remédios químicos não entram nessas considerações, pois não podemos ser, por exemplo, deficientes em ácido acetilsalicílico, embora possamos ser deficientes em magnésio, cálcio, vitamina C etc.

Resumindo: precisamos dar à célula o que ela precisa!

Nosso organismo necessita de cinqüenta fatores essenciais (45 são nutrientes).

- Nutrientes essenciais
  - 20 a 21 minerais
  - 13 vitaminas
  - 8 aminoácidos (adultos)
  - 10 aminoácidos (crianças)
  - 2 ácidos graxos essenciais
- Fontes de energia (carboidratos e glicose)
- Água
- Oxigênio
- Luz

Adicionais: fibras, ácido hidroclorídrico, bile e enzimas digestivas.

Desintoxicação intracelular

A forma comum de recebermos os produtos químicos estranhos ao nosso organismo (xenobióticos) e as toxinas é através de água, ar, inalação, ingestão ou absorção.

Uma vez que estão na circulação sangüínea, o corpo dispõe de dois mecanismos para neutralizá-los. Inicialmente procura deixá-los menos tóxicos, para então serem excretados ou neutralizados. Essa é a chamada Fase I de desintoxicação e ocorre no interior das células.

Muitas vezes isso é tudo o que precisa ser feito para tornar o composto tóxico apto a ser excretado via renal. Porém, há situações em que os rins estão sobrecarregados, e certos tóxicos necessitam de outras reações (reação de conjugação) para que possam ser eliminados. É a Fase II de desintoxicação, que ocorre no citoplasma da célula. Nessa fase, uma proteína ou um aminoácido se ligam ao tóxico, sendo então excretado mais facilmente pela bile, fezes e urina.

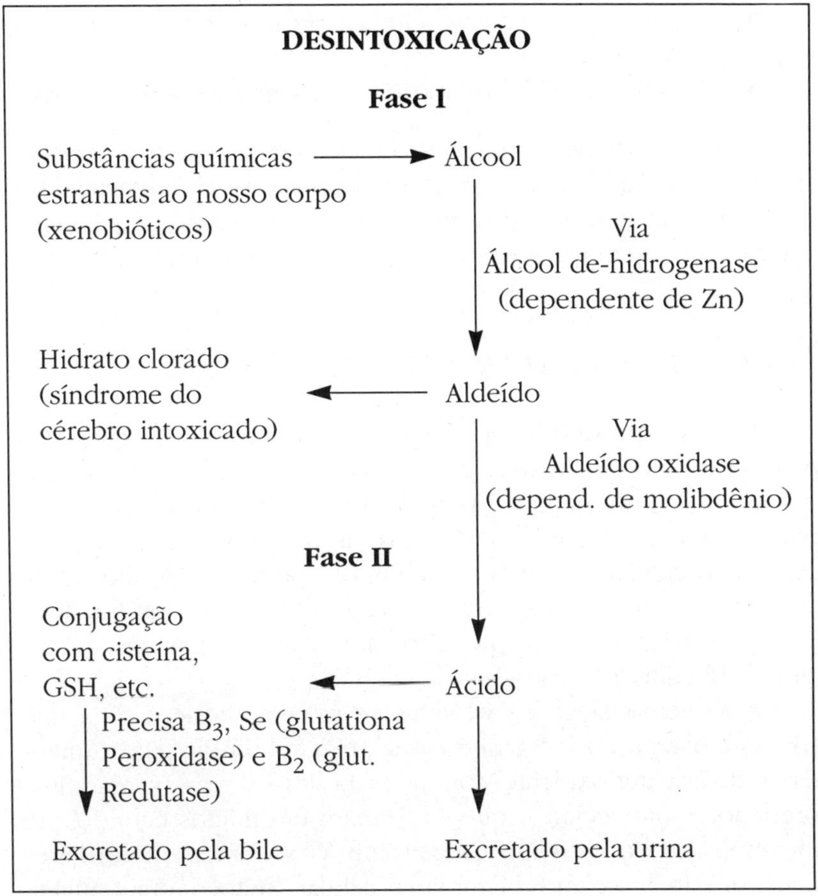

Todo esse processo pode ser bloqueado ou alterado total ou parcialmente em decorrência de:

- deficiências de vitaminas, minerais, aminoácidos e ácidos graxos essenciais;
- produtos químicos para os quais o organismo não tem sistema de desintoxicação;
- novos produtos mais tóxicos, que se formam da degradação desses produtos;
- sistema enzimático de desintoxicação alterado por grandes quantidades de metais pesados, como Hg, Pb, Cd;

- excesso de substância química promovendo a saturação das seqüências bioquímicas;
- deficiência genética promovendo ausência de certas enzimas.

Dependendo de como se encontra o sistema de desintoxicação, teremos uma neutralização eficiente, ou poderá haver alteração de DNA (material genético), causando câncer, sensibilidade a químicos, malformações e novas doenças, ou acelerando o envelhecimento.

É PRECISO TOMAR VITAMINAS?

Diversas pesquisas alimentares têm demonstrado que uma proporção não desprezível da população dos países desenvolvidos apresenta um padrão biológico deficiente em vitaminas e minerais. Essas carências podem causar, a médio prazo, conseqüências ao organismo: cansaço endêmico, perturbações do sono, comportamento irritadiço, unhas quebradiças, cabelos fragilizados, pele flácida são os primeiros sinais de desequilíbrio nutricional subclínico.

A suplementação de vitaminas e minerais é necessária não somente para a reposição nutricional, mas sobretudo para aumentar a defesa antioxidante contra os radicais livres, verdadeiros predadores moleculares, que se formam em microssegundos no metabolismo do oxigênio e destroem as estruturas moleculares mais próximas (como membrana celular, mitocôndria, núcleo etc.), causando desde envelhecimento precoce até dezenas de tipos de doenças hoje correlacionados comprovadamente a esses maléficos radicais.

No momento em que você está lendo este livro, nenhuma parte de seu corpo está protegida o suficiente contra o assalto destrutivo dessas moléculas "fora da lei", os radicais livres.

Alguns profissionais de saúde ainda dizem: evite suplementos de vitaminas e minerais, pois você pode tê-los na dieta. Eu não concordo. Faço uso do meu coquetel de antioxidantes e o recomendo também aos meus pacientes, pois, caso contrário, pode-se estar sendo lesado pela excessiva produção de radicais livres gerados por: cigarro, poluição ambiental, certas medicações, luz ultravioleta, pesticidas, exercício em excesso, radiação, estresse emocional, refeições pesadas etc.

Essa conclusão está firmemente evidenciada nas últimas pesquisas científicas, que mostram importantes benefícios trazidos para a saúde pela suplementação com determinados antioxidantes, tais como:

- aumento de proteção contra algumas formas de câncer;
- melhora nas defesas contra doenças cardiovasculares, como arteriosclerose, infarto e derrame;
- prevenção de catarata;
- retardamento do envelhecimento precoce;
- fortalecimento do sistema imunológico;
- diminuição do risco de doenças degenerativas;
- melhora da qualidade da pele, tornando-a mais macia, menos ressecada e enrugada;
- proteção contra os ataques dos radicais livres às moléculas de DNA e genes determinantes da longevidade.

As últimas pesquisas mostram que para se ter uma forte proteção contra os radicais livres são necessárias dosagens muito maiores de antioxidante do que se recomenda oficialmente como necessidades diárias (RDA – v. página 215). Por exemplo, para se conseguir na dieta cerca de 1.000 mg de vitamina C, é necessário o consumo diário de 15 laranjas. Em relação à vitamina E, para se receber cerca de 400 UI, devem-se consumir diariamente dois copos de amêndoas, ou cerca de sete copos de amendoim, ou ainda um copo de sementes de girassol, cuja quantidade de gordura e calorias seria enorme, certamente fazendo ganhar peso. Quanto ao betacaroteno, seria necessário o consumo diário de pelo menos três cenouras ao dia para se conseguir de 25.000 a 50.000 UI de betacaroteno.

Por isso, a única solução é ter seu próprio coquetel de antioxidante ajustado à sua idade e atividade.

Estou convencido de que um sério programa antioxidante aumenta as defesas contra os radicais livres, protegendo a pessoa de muitos problemas de saúde.

Acredito que você pode, através de medidas simples, estender sua vida e seus anos de bem-estar. Minha mais importante recomendação é que você tome vitaminas diariamente em quantidades adequadas, para suplementar as vitaminas que recebe na alimentação.

Linus Pauling, Ph.D. – laureado duas vezes
com o Prêmio Nobel

Suplementos Alimentares

Suplementos alimentares são os constituintes essenciais dos alimentos e estão presentes em quantidades muito pequenas no organismo. Eles não geram calorias, somente energia, e são componentes essenciais das enzimas.

Plantas e animais diferem muito quanto às necessidades de suplementos alimentares, porém todos os animais compartilham das mesmas necessidades de suplementação de vitaminas e minerais. Essa suplementação deve ser feita com muito critério, com orientação de profissional qualificado, pois pode promover benefícios ou malefícios dependendo da dosagem e das necessidades.

Vitaminas

Vitaminas são moléculas orgânicas necessárias para a grande maioria dos processos químicos que ocorrem em todos os tecidos orgânicos. Elas não podem ser fabricadas pelo próprio corpo e são requeridas em pequenas quantidades para promover as reações químicas corpóreas. São encontradas na natureza, como em frutas, verduras, legumes e proteínas animais.

Classificação das vitaminas

As vitaminas são divididas em lipossolúveis e hidrossolúveis. As lipossolúveis são a vitamina A, o betacaroteno e as vitaminas D,

E e K. A coenzima Q_{10} é outro nutriente lipossolúvel apesar de não ser vitamina. São depositadas em tecido gorduroso e no fígado, sendo que as vitaminas A e D podem se tornar tóxicas em decorrência do acúmulo excessivo por longo tempo de uso. Em relação à vitamina E e à CoQ_{10} é mais raro ocorrer depósito em excesso nos tecidos, por serem requeridas em maior quantidade.

As vitaminas hidrossolúveis são o complexo B e a vitamina C, mais seguras de serem usadas, pois não se depositam em nenhum tecido. São eliminadas na urina após seu efeito bioquímico. Deve-se ter cuidado com o uso das vitaminas B_3 e B_6, pois podem ser tóxicas em determinada dosagem e em tempo prolongado de uso.

Vitaminas lipossolúveis

Vitamina A

A vitamina A é essencial para a visão normal, o adequado crescimento ósseo e a fertilidade. Mantém a integridade das membranas mucosas, protegendo contra infecções, poluentes como o cigarro, fumaças dos automóveis etc. É ativadora do sistema imunológico e útil também em certas alterações de pele como a acne. Apresenta discreta atividade antioxidante, porém não tão importante como o betacaroteno. Não pode ser usada em altas dosagens por longo período de tempo, por causa da sua toxicidade.

Principais fontes de vitamina A: fígado, leite integral, ovos. Proveniente do caroteno: espinafre, couve, agrião, cenoura, abóbora e algumas frutas tropicais.

Carotenos

Betacaroteno, alfacaroteno, luteína, licopene e outros carotenóides são potentes antioxidantes. Uma fração do betacaroteno é convertida no organismo em vitamina A através de um mecanismo natural que impede que essa conversão ocorra em excesso, causando toxicidade. É por isso que pessoas que usam betacaroteno ou consomem alimentos ricos em betacaroteno (papaia e laranja, por exemplo) por longo período começam a apresentar pigmentação amarelada nas mãos e nos pés, pois, como não é totalmente convertido em vitamina A, acaba se depositando no tecido gorduroso subcutâneo.

Uma quantidade significativa de pesquisas mostra o efeito protetor do betacaroteno contra o câncer e doenças cardiovasculares pela neutralização de radicais livres, especialmente pela inativação do oxigênio singlet, uma molécula altamente reativa que torna os radicais livres mais tóxicos.

VITAMINA E

Existem oito tipos diferentes de vitamina E. Entre eles, o mais conhecido é o d-alfa tocoferol; porém a mais eficiente é a associação dos tocoferois (beta, gama e delta). A forma sintética de vitamina E (dl-alfa) é cerca de 50% menos eficaz do que a forma natural.

Mais de 6 mil estudos mostram os benefícios da vitamina E na prevenção e no tratamento de doenças cardiovasculares. Na principal pesquisa realizada pela Organização Mundial de Saúde, com centenas de homens e mulheres em dezesseis países diferentes, constatou-se que o baixo nível de vitamina E no sangue é duas vezes mais importante como índice de risco cardíaco do que colesterol elevado no sangue ou hipertensão arterial. A pesquisa mostrou que 62% dos entrevistados tiveram infarto do miocárdio e apresentavam baixo nível de vitamina E. Apenas 29% dos que infartaram durante o período da pesquisa tinham colesterol alto.

Quanto à pressão alterada, essa predição era de 25% de infarto do miocárdio.

O efeito protetor da vitamina E consiste em sua atividade antioxidante. Ela mantém a circulação saudável, impedindo que a parede arterial seja agredida pelo colesterol oxidado e haja sua aderência à parede, o que iniciaria o processo obstrutivo arterial.

A vitamina E, além de proteger todas as células do nosso corpo, diminui a agregação plaquetária, reduzindo a possibilidade da formação de trombose ou obstrução de uma artéria. Ela promove a diminuição do colesterol total, ajuda a aumentar o HDL colesterol (bom colesterol) e previne a oxidação do LDL colesterol (mau colesterol), e com isso protege as artérias contra a arteriosclerose.

Determinadas dosagens aumentam a atividade dos glóbulos brancos, estimulando o sistema imunológico. Em algumas mulheres, reverte fibrose cística do seio, inativa calores da pré-menopausa. Tem sua eficiência antioxidante aumentada sinergicamente com selênio, glutationa, carotenos e vitamina C.

Principais fontes de vitamina E: óleos vegetais (amendoim, soja, dendê, milho, açafrão, girassol) e germe de trigo são as mais importantes. Mas encontra-se também no brócolis, couve-de-bruxelas, espinafre, nozes e sementes e cereais em grãos integrais.

Vitamina D

A vitamina D é fundamental para a normal absorção e utilização do cálcio. Age com o parato-hormônio para manter normal o nível de cálcio. É essencial na formação e manutenção óssea e para a função celular e nervosa que depende de cálcio. Requer o sol para sua assimilação.

Altos níveis de vitamina D são potencialmente tóxicos, podendo gerar calcificação excessiva nos tecidos. Sua suplementação está associada à redução do risco de *diabetes mellitus*. Contribui para aumentar a eficiência do sistema imunológico.

Principais fontes de vitamina D: poucos alimentos contêm quantidade significativa dessa vitamina, como óleo de fígado de bacalhau, manteiga, gema, leite, bacalhau, cação e fígado de vaca.

Vitamina K

A vitamina K é essencial para a normal coagulação do sangue e formação óssea. Normalmente é produzida por bactérias no intestino, porém, com o uso de antibióticos (quando se reduz muito o número de bactérias) ou distúrbios de ecologia intestinal, ela pode ser produzida em quantidade inadequada. Para pacientes que estejam tomando medicação anticoagulante, o uso de vitamina K interfere na ação da medicação.

Principais fontes de vitamina K: espinafre, brócolis, repolho e alface.

Coenzima Q_{10} (CoQ_{10})

Conhecida também por ubiquinona, a coenzima Q_{10} é produzida normalmente no nosso corpo. Não é uma vitamina, mas um importante nutriente antioxidante. A CoQ_{10} é essencial para a produção de ATP (adenosina trifosfato), que é a molécula que as nossas células usam como energia. A CoQ_{10} estabiliza e modula a transferência de elétrons usados para todos os sistemas biológicos na produção de energia. É um poderoso protetor celular contra os radicais livres (subproduto da geração de energia).

A produção de CoQ_{10} diminui em situações de doenças e envelhecimento, especialmente após os 40 anos de idade, quando se acentua essa alteração. A suplementação de CoQ_{10} ajuda em diversas condições, como doença cardíaca, hipertensão, arritmias e doenças cardiovasculares em decorrência de reumatismo. Melhora a contração da musculatura cardíaca, principalmente em insuficiência cardíaca. Tem ação estimuladora da função imunológica, sendo usada no tratamento do câncer, principalmente de mama. Reduz inflamação de gengivas (gengivites), aumenta a taxa metabólica, sendo portanto útil no processo de emagrecimento.

É encontrada em espinafre, brócolis, nozes, carne e peixe.

Vitaminas hidrossolúveis

Vitamina C

A descrição da vitamina C na literatura é muito vasta, portanto enfatizaremos seus principais efeitos clínicos.

Cerca de 60 milhões de anos atrás, nossos ancestrais perderam a capacidade de produzir vitamina C. A enzima 1-gulonolactona-oxidase, que nos outros animais converte o ácido D-glucorônico lactona em 2-gulonolactona, desapareceu. Para a sua sobrevivência, o homem vem pagando um preço muito alto em doenças e morte por conviver com essa deficiência vitamínica. Somente o homem, o macaco, o porco-de-guiné e o morcego frutífero ficaram dependentes de vitamina C de fonte externa.

A carência de vitamina C é responsável pelo escorbuto, cuja manifestação é cansaço, perda de energia, sangramento da mucosa, das gengivas, dores articulares, dificuldade respiratória e morte.

O escorbuto só foi vencido quando o dr. Szent-Gyorgyi provou, em 1931, que o ácido ascórbico era a vitamina C. Isso lhe deu o Prêmio Nobel em 1937. Mais recentemente o dr. Linus Pauling, laureado duas vezes com o Prêmio Nobel, defendeu a necessidade da suplementação de vitamina C em quantidades mais adequadas e postulou que arteriosclerose ocorre pelo nível baixo de vitamina C crônico em nível sangüíneo, permitindo a adesão do colesterol à parede das artérias. O dr. Pauling mostrou também que a vitamina C é um potente antioxidante e protege o coração das seguintes formas:

- Previne a formação de radicais livres, que promovem a agressão das estruturas celulares e possivelmente o início do processo de obstrução das artérias.
- Repara a parede arterial lesada, antes que ocorra adesão de colesterol a ela.
- Eleva o colesterol bom (HDL colesterol). O colesterol sangüíneo é fracionado em "bom" (HDL colesterol) e mau (LDL colesterol). O HDL protege contra as obstruções, enquanto o LDL é o causador delas. LDL é o alvo das drogas químicas. Estudos realizados por Pauling e Rath mostram que o LDL colesterol não é a causa inicial do problema. O iniciador do processo são pequenas partículas que se assemelham ao LDL colesterol chamadas lipoproteínas a, Lp(a). A lipoproteína adere à parede arterial lesada, causando o início do processo obstrutivo arterial. Entre-

tanto, a vitamina C facilita o reparo arterial. As quantidades adequadas de vitamina C não permitem que a Lp(a) agrida a artéria e protegem contra a arteriosclerose, ou seja, se uma pessoa tem pouca quantidade de vitamina C, aumentam os riscos de agressão nas artérias levando à obstrução; porém se existem grandes quantidades de vitamina C na sua dieta, a Lp(a) cai em quantidade e sua possibilidade de lesar as artérias diminui.

A vitamina C é importante na formação do colágeno pela sua atividade antioxidante, reduzindo as rugas. Mantém a integridade das membranas mucosas, essencial na formação do hormônio adrenal, que é consumido nas situações de estresse. Promove também a melhora da função imunológica (hormonal e celular). Aumenta o nível de interferon, que é uma substância produzida pela célula com efeito antiviral. Quando usada em excesso, pode promover diarréia e efeito pró-oxidante, ou seja, em vez de beneficiar, causa agressões. Não há outro efeito colateral conhecido.

Não existe comprovação científica de que excesso de vitamina C promova formação de cálculos, apesar de se acreditar que parte do ácido ascórbico (vitamina C) seja convertido em cristal de oxalato. Teoricamente é quase impossível que isso ocorra, pois:

1º) O ácido ascórbico aumenta a acidez da urina, produzindo maior solubilidade do cálcio na urina e, conseqüentemente, diminui a capacidade de formação dos cálculos.

2º) O ácido ascórbico aumenta a diurese, que também diminui a probabilidade da formação de oxalatos.

3º) O ácido ascórbico combina com íons de cálcio, diminuindo a concentração de oxalato de cálcio. Não há correlação entre excreção de oxalato e cálculo renal. O que ocorre é que, quando há aumento de excreção de oxalato na urina, temos um indicativo de que o organismo está excretando oxalato mais eficientemente, diminuindo a suscetibilidade para formar cálculos de oxalato.

Principais fontes de vitamina C: frutas cítricas, mamão, goiaba, caju, morango, manga, kiwi, alface, mostarda, couve-flor, brócolis, repolho, pimentão, espinafre, batata e tomate.

Complexo B

Os elementos do complexo B são basicamente classificados por números:

B_1 ⇒ Thianina
B_2 ⇒ Riboflavina
B_3 ⇒ Niacina ou Niacinamida
B_5 ⇒ Ac. Pantotênico
B_6 ⇒ Piridoxina
B_{12} ⇒ Cobalamina
B_{15} ⇒ Dimetilglicina

Outros nutrientes considerados parte do complexo B são: colina, inositol, biotina, ácido lipóico, ácido para-aminobenzóico. Normalmente esses elementos em conjunto têm uma variedade de funções. Agem protegendo o tecido nervoso contra oxidação, melhoram a memória, são requeridos em nível cerebral para a produção de acetilcolina (neurotransmissores).

Determinados elementos do complexo B são requeridos em altas doses com específicos efeitos terapêuticos, como veremos a seguir.

Quantidades adequadas do complexo B são necessárias para a metabolização da homocisteína (uma molécula perigosa do metabolismo) em metionina (aminoácido).

Quando existe deficiência de complexo B, há acúmulo de homocisteína nas células e artérias, estimulando o processo de arteriosclerose.

Thiamina (Vitamina B_1)

É essencial para o metabolismo energético. Converte carboidrato em energia, essencial para célula do tecido nervoso. Atualmente são muito comuns deficiências subclínicas de vitamina B_1, pois o consumo de alimentos refinados em excesso e álcool promove sua deficiência. Os sintomas de deficiência são: tremores, neurites, adormecimentos das extremidades, tonturas, fraqueza muscular, alteração da pressão arterial, dificuldade de concentração, constipação intestinal, alteração do crescimento, memória diminuída, perda do apetite, gravidez e lactação. O uso de diuréticos e contraceptivos orais requer quantidade extra de thiamina. A suplementação de vitamina B_1 tem efeito repelente contra insetos e mosquitos. As quantidades presentes nos complexos multivitamínicos (50 a 100 mg) são suficientes. É usada em tratamento de alcoólatras e dependentes de drogas.

Principais fontes de vitamina B_1: ela existe na maioria dos alimentos, sendo os cereais integrais, leite, ovos e legumes especialmente ricos. Verduras, tubérculos e frutas apresentam quantidades moderadas, assim como as carnes.

Riboflavina (Vitamina B_2)

Participa da conversão de proteína, carboidratos e gorduras em energia. Protege as células contra a lesão por radicais livres. Utilizada na prevenção de catarata e úlcera de córnea, promovendo melhora geral da visão. Importante na beleza da pele. Gravidez, lactação, consumo excessivo de carnes vermelhas e derivados de leite, estresse prolongado, uso de diuréticos e contraceptivos orais necessitam de quantidades maiores de riboflavina. Sua deficiência está associada ao abuso de álcool, anemia, hipotireoidismo e catarata. É responsável pela coloração amarelada da urina quando se usa suplementação vitamínica.

Principais fontes de vitamina B_2: leite e derivados, ovos, fígado, queijo e vegetais de folhas verdes.

Niacina (Vitamina B_3)

Basicamente conhecida como ácido nicotínico e nicotinamida, teve os nomes alterados pela similaridade com a nicotina. Passou então a ser denominada niacina e niacinamida, apresentando amplo espectro de funções.

A niacina promove a diminuição do colesterol total e aumenta o bom colesterol (HDL colesterol). É usada em altas doses para doenças mentais e depressão. Ajuda a atenuar os sintomas de hipoglicemia, diminuindo o desejo por doces. Quanto mais doces se consome, maior é a possibilidade de ocorrerem episódios de hipoglicemia. Promove melhora da acne e da saúde da pele, atenuá enxaquecas. Usada também para o combate ao vício do álcool e de drogas.

Como promove vasodilatação periférica intensa, aumenta a oxigenação tecidual, o que é importante em termos de nutrição celular. A sensação de vermelhidão, calor e coceira pelo corpo pode durar cerca de vinte minutos (provocada pela liberação de histamina dos seus sítios de depósito). Para evitar esse efeito, costuma-se usá-la associada a um anti-histamínico ou aspirina infantil durante as primeiras doses, podendo ser suspensa após não se apresentarem mais os incômodos descritos.

Um modo mais prático seria o uso de niacina no flush, que é o inositol-hexanicotinato, que não causa nenhum efeito colateral nem tampouco sensações de vermelhidão, calor e prurido.

A outra forma da vitamina B_3 (niacinamida) também não causa esse flush, e é muito útil para osteoartrites, ansiedade e insônia, porém sem ação sobre o colesterol.

A pelagra, que é a patologia causada pelos 3 D – dermatite, demência e diarréia – é causada basicamente pela deficiência de vitamina B_3.

Principais fontes de niacina (B_3): fígado, carnes, peixes, legumes, amendoim e abacate.

Ácido pantotênico (Vitamina B_5)

O ácido pantotênico é um constituinte da coenzima A, que está envolvida na transferência de grupos acetil, sendo essencial para a síntese de acetilcolina. É a principal vitamina do complexo B contra o estresse, por sua importante atividade de reparação da glândula adrenal e produção de seus hormônios. Sua deficiência causa depressão, cansaço, insônia, anemia e distúrbio de coordenação. É usada em altas doses para o tratamento de artrite. No estresse, na gestação e na lactação, sua necessidade aumenta.

Principais fontes de ácido pantotênico (B_5): levedos, vísceras (fígado, rins e coração), ovos, leite, frango e vegetais.

Piridoxina (Vitamina B_6)

A descoberta da piridoxina (1938) e da vitamina C foram feitas pelo mesmo cientista, dr. Albert Szent-Gyorgyi. Consiste no principal fator de regeneração celular dos glóbulos vermelhos. É fundamental para o metabolismo de proteínas, aminoácidos e ácidos graxos essenciais e carboidratos. A piridoxina é necessária na formação de anticorpos e na atividade enzimática como co-fator de muitas enzimas. Tem sido usada na síndrome pré-menstrual, na depressão, na asma e no autismo. Quando associada ao magnésio, ajuda a reduzir a incidência de cálculos de oxalato em nível renal.

A piridoxina tem sido usada em neuropatias periféricas (lesão de nervos em extremidades), assim como na síndrome do túnel do corpo. Porém, em doses excessivas, pode causar neuropatias. É preciso, portanto, cuidado na suplementação.

Usada em dosagem adequada a suplementação com vitamina B_{12} e ácido fólico diminui o risco cardíaco com a queda dos valores de homocisteína sangüínea, um metabolito precursor de risco cardiovascular. É útil na inibição de náusea e vômito em gestantes. Associada ao magnésio, reduz os sintomas de toxemia gravídica (retenção hídrica, hipertensão arterial, perda protéica pela urina e até convulsões). Reduz também a má-formação fetal.

O uso de contraceptivos orais, diuréticos, tiazídicos, penicilina e álcool contribui para a eliminação de vitamina B_6. Sua deficiência resulta em anemia, depressão, letargia, retenção hídrica, nervosismo e lesões de pele.

Principais fontes de vitamina B_6: aves, fígado de boi e de porco, peixes, melão, repolho e presunto.

Cianocobalamina (Vitamina B_{12})

A vitamina B_{12} tem ação antiinflamatória e analgésica, necessitando de cálcio para absorção. Consiste num elemento básico para a síntese de DNA e formação de glóbulos vermelhos. Essa vitamina promove energia, alivia o cansaço, a depressão, a ressaca e a baixa capacidade de concentração. Está presente em grande quantidade em alimentos de origem animal e é deficiente em vegetais. Sua deficiência causa anemia, degeneração do sistema nervoso, tonturas, palpitações e emagrecimento doentio.

Na idade adulta começa a haver uma diminuição da capacidade de absorção da vitamina B_{12}, por deficiência do fator intrínseco do intestino, assim como no uso prolongado de medicação para diminuir o colesterol, contraceptivos orais, antiinflamatórios e medicação anticonvulsivante.

A vitamina B_{12} é importante na prevenção de risco cardiovascular, pois sua suplementação, associada à vitamina B_6 e ao ácido fólico, normaliza os níveis de homocisteína sangüínea, diminuindo essa possibilidade.

Principais fontes de vitamina B_{12}: produtos de origem animal, como fígado, carne vermelha, carne de porco, ovos, queijo e leite.

ÁCIDO FÓLICO

Também conhecida por folato ou folacin, essa vitamina B é especialmente importante antes e durante a gestação. É necessária para a saúde do feto, prevenindo a formação de defeitos no tubo neural, como a spina bífida (fechamento incompleto da coluna lombar). Estima-se que 75% dos defeitos de má-formação fetal possam ser prevenidos com a suplementação de ácido fólico.

O ácido fólico é necessário também para a síntese de DNA, eficiência enzimática e formação do sangue. É essencial para a divisão e o crescimento de novas células. Previne anemia e é eficiente contra o alcoolismo. Necessário nos indivíduos imunodeprimidos, assim como na pós-quimioterapia.

Doenças de cólon, como doença de Crohn e Sprue, causam sua deficiência. Antiácidos que contêm alumínio, contraceptivos orais, álcool, antibioticoterapia prolongada e antiinflamatórios aumentam a necessidade de suplementação de ácido fólico.

Recentes pesquisas sugerem altas doses de ácido fólico para o tratamento de osteoartrite das mãos, assim como artrite e outras articulações. É eficiente como prevenção e tratamento de gota, também em altas doses, por inibir a xantina oxidase, enzima que induz a produção de ácido úrico. Em associação com a vitamina B_6

e B_{12} promove a diminuição da homocisteína, protegendo contra riscos cardiovasculares.

Principais fontes de ácido fólico: vegetais de folhas verdes, fígado, cenoura, germe de trigo e gema de ovo.

Outros elementos do complexo B

Paba (ácido paraamino benzóico)

É um elemento do complexo B e componente do ácido fólico. Tem propriedades de proteção solar, sendo efetivo contra agressão solar e outras queimaduras. Usado no tratamento de vitiligo (despigmentação da pele). Estimula o desenvolvimento de bactérias intestinais, que colaborarão na produção do ácido pantotênico (vitamina B_5). Participa na metabolização de proteínas e produção dos glóbulos vermelhos. Importante para a saúde da pele e do intestino e a pigmentação do cabelo, sendo usado para recuperar a cor normal do cabelo.

Choline

É um componente da lecitina, produzido pelo organismo, e é parte do neurotransmissor acetilcolina. Melhora a memória e a capacidade do aprendizado. Usado para diminuir o colesterol e triglicérides por emulsificar as gorduras. Importante no transporte das gorduras e do colesterol. Altas doses são usadas com bom resultado para melhorar os efeitos colaterais causados por medicações psicotrópicas, que promovem movimentos faciais e corpóreos incontroláveis.

Inositol

O inositol também é encontrado na lecitina. Tem importante capacidade de emulsificar as gorduras e facilitar o transporte dos ácidos graxos essenciais e do colesterol. Associado com biotina e choline, pode ter efeito preventivo contra a calvície, hipertensão e arteriosclerose. Estimula a ação estrogênica, importante na síndrome pré-menstrual.

Dimetilglicina (DMG) ou Ácido Pangâmico

Conhecida no passado como vitamina B_{15}. Usada para aumentar a eficiência do sistema imune e melhorar o aproveitamento de oxigênio pelos tecidos. Potente antioxidante e estimulante energético. Usada no controle de convulsões epilépticas, na Síndrome de Down e no retardamento mental. Promove diminuição no desejo do álcool. É mais absorvível na forma sublingual.

A saúde é a única coisa que faz com que você sinta que o agora é o melhor momento do ano.

Franklin Adams

HOMOCISTEÍNA

A homocisteína é um metabolito produzido pelo organismo, que aumenta o risco de problemas cardiovasculares, como infarto do miocárdio, derrame e obstruções arteriais, principalmente das artérias carótidas.

A arteriosclerose não é somente o processo de acúmulo de colesterol nas paredes das artérias, mas algo mais complexo em que a homocisteína tem participação importante.

A deficiência de vitaminas B_6, B_{12} e ácido fólico compreendidos no complexo B promove o aumento de homocisteína sangüínea; portanto, a suplementação dessas vitaminas fornece importante proteção contra doenças cardiovasculares.

A homocisteína é um bioproduto tóxico de reações químicas que envolvem o aminoácido metionina. Quando o nosso corpo tem quantidades adequadas das vitaminas do complexo B, a homocisteína é convertida em metionina (com ajuda de vitamina B_{12} e ácido fólico), ou em cisteína (com ajuda de vitamina B_6). Cisteína é outro aminoácido utilizado pelo nosso organismo. Quando não temos a quantidade de vitamina B para converter a homocisteína, ela se acumula dentro das células e nas paredes das artérias, estimulando o processo de arteriosclerose. Essa elevação de homocisteína contribui para doença cardiovascular de diversas maneiras:

1ª) A arginina é outro aminoácido usado pelas células que compõem a parede arterial para produzir óxido nítrico, o fator de relaxamento de endotélio (FRE) que literalmente neutraliza o processo de arteriosclerose. O óxido nítrico relaxa as artérias e impede que o colesterol e os glóbulos brancos migrem para se aderirem à parede das artérias. O FRE é provavelmente a nossa melhor defesa orgânica contra a arteriosclerose. A homocisteína bloqueia a produção de FRE.

2ª) A proliferação de células espumosas nas paredes arteriais é também um componente básico no processo de arteriosclerose. As células da parede arterial, que estão inflamadas ou agredidas, começam a se multiplicar de forma anormal, e isso é parte integral da obstrução da artéria. A homocisteína estimula essa proliferação.

3ª) A homocisteína promove agregação e diminuição da viscosidade sangüínea, aumentando o risco não só de arteriosclerose mas também de derrame.

4ª) A homocisteína parece facilitar a conversão de mau colesterol (LDL colesterol) em partículas de radicais livres que são os causadores da arteriosclerose.

Há centenas de artigos que mostram a relação entre níveis elevados de homocisteína sangüínea e deficiências de vitamina B_6, B_{12} e ácido fólico e aumento de casos de obstrução arterial, principalmente de artérias carótidas.

O médico do futuro não é aquele que receita o medicamento,
mas aquele que indica aos seus pacientes o caminho
da prevenção, dieta e causa das doenças.
Thomas A. Edison

Mineralograma

Diferenciar *nutriente* e *tóxico* é muitas vezes arbitrário. Há nutrientes que podem tornar-se tóxicos, dependendo da quantidade fornecida ao organismo; por exemplo, o oxigênio e a água. *Dosis sola facit venenum* – somente a dose faz o veneno.

Neste capítulo vou me preocupar com os metais pesados que estão entre os mais antigos venenos conhecidos pelo homem e provêm de diversas fontes: ar, água, solo e alimentos.

Por que hoje em dia há preocupação acentuada com os metais pesados?

Principalmente porque eles podem causar, simular ou potencializar diversos sintomas ou doenças, além de induzir o médico a um falso diagnóstico.

O sintoma número um da presença de metais pesados no organismo é o cansaço, porque muitos destes se ligam a enzimas na membrana celular e na mitocôndria, onde a energia é sintetizada, além de impedirem a entrada dos "bons" minerais, como zinco, magnésio, manganês etc., colocando-se no lugar desses minerais. Quando isso ocorre, o funcionamento celular altera-se, perde sua eficiência e ação, e gera doenças.

A simples retirada desses elementos do organismo dá condições para a recuperação da saúde!

Exame do fio de cabelo

A combustão de vegetais fósseis, emissões de indústrias metalúrgicas e químicas, o uso considerável de produtos químicos e outras atividades humanas resultam na liberação, na biosfera, de grandes quantidades de elementos que são encontrados no organismo humano. A poluição da biosfera por esses elementos e, em particular, por metais pesados é uma das grandes causadoras de um estado de estresse provocado pelo meio ambiente.

Desde 1975 a Agência Internacional de Energia Atômica dos Estados Unidos analisa os poluentes mediante a aplicação de métodos nucleares. Essa técnica é uma ferramenta efetiva na investigação e monitorização da poluição ambiental. Desde 1977, existe um programa especial para análise do nível de metais pesados no organismo humano: "Análise de Poluentes no Cabelo Humano". Aproximadamente cinqüenta cientistas de mais de vinte países têm dado sua contribuição para a implementação desse projeto. O uso do cabelo como um indicador da contaminação humana, externa e interna, com traços de elementos poluentes, foi discutido nesse projeto.

HAIR ELEMENTS

1/99

LAB #: 98999-0001
PACIENTE: B. Patient
SEXO: Masculino
IDADE: 42

MÉDICO:
Doctor's Data, Inc.
3755 Illinois Ave.
St. Charles, IL 60174
CONTA #: 12345

POTENTIALLY TOXIC ELEMENTS

ELEMENTOS TÓXICOS	RESULTADO µg/g	VARIEDADE REFERÊNCIA	Porcentagem Within 68th	Within 95th	Greater than 95th
Antimônio	0.100	0 - .15			
Arsênico	0.090	0 - .15			
Berílio	0.010	0 - .03			
Bismuto	>dl .001	0 - .3			
Cádmio	0.300	0 - .25			
Chumbo	8.0	0 - 4.5			
Mercúrio	2.90	0 - 1.5			
Platina	0.001	0 - .02			
Tálio	<dl.001	0 - .05			
Tório	0.002	0 - .01			
Urânio	0.280	0 - .2			
Alumínio	1	0 - 8			
Níquel	0.20	0 - 0.7			
Prata	0.10	0 - 0.4			
Estanho	0.10	0 - 0.8			
Titânio	0.440	0 - 0.700			
Indicação Total de Elementos Tóxicos					

NUTRIENT ELEMENTS

ELEMENTOS NUTRIENTES	RESULTADO µg/g	VARIEDADE REFERÊNCIA	Porcentagem 2.5th	16th	50th	84th	97.5th
Cálcio	112	280 - 600					
Magnésio	6	30 - 75					
Sódio	109	20 - 90					
Potássio	77	9 - 40					
Cobre	7	11 - 28					
Zinco	97	125 - 155					
Manganês	0.16	0.30 - 0.75					
Cromo	0.44	0.80 - 1.25					
Vanádio	0.010	0.009 - 0.080					
Molibdênio	0.070	0.030 - 0.080					
Bório	1.80	0.80 - 2.80					
Iodo	0.1	0.3 - 1.2					
Lítio	0.028	0.050 - 0.120					
Fósforo	134	144 - 204					
Selênio	0.290	0.950 - 1.700					
Estrôncio	0.36	0.50 - 4.80					
Enxofre	41000	48000 - 52500					

OTHER ELEMENTS

ELEMENTOS ADICIONAIS	RESULTADO µg/g	VARIEDADE REFERÊNCIA	Porcentagem Within 95th	<95th
Bário	0.21	0.40 - 2.50		
Cobalto	>dl .001	0.020 - 0.045		
Ferro	8	6 - 15		
Germânio	0.008	0.003 - 0.028		
Rubídio	>dl .001	0.020 - 0.150		
Zircônio	0.300	0.020 - 0.500		

RATIOS

ELEMENTO	PROPORÇÃO	VARIEDADE ESPERADO
Ca/Mg	18.7	5 - 15
Ca/P	0.8	2.6 - 6.1
Mg/K	0.1	1.8 - 5.0
Na/K	1.4	1.8 - 4.0
Zn/Cu	13.9	4 - 12
Zn/Cd	323	>800

COMMENTS:

Data de coleta: 9/30/98 — Date Received: 10/1/98 — Date Complete: 10/2/98 — Sample Size: **0.25 g**

Tipo: **Cabelo da cabeça** — Hair Color: **Brown** — Hair Preparation: **none** — Shampoo: **Johnson's Baby**

analyzed by ICP-MS n/a - currently not available dl = detection limit qns = quantity not sufficient

Relaciono abaixo os metais pesados tóxicos encontrados com mais freqüência nos exames (os elementos estão indicados em português e inglês, para melhor localização na tabela da página anterior).

Metais tóxicos

1. Alumínio (Aluminium)

O alumínio é o metal mais abundante da Terra. A média ingerida por pessoa varia entre 10 a 100 mg/dia. Normalmente muito pouco deste metal penetra no organismo porque os sais do alumínio têm tendência a se combinar com fosfato no trato gastrintestinal e ser excretado.

Mesmo assim, algum alumínio é absorvido e, como conseqüência, a maioria dos tecidos moles contém entre 50 e 150 ppm (partes por milhão). Os níveis tendem a aumentar na velhice e, por isso, o alumínio está incluído entre os elementos envelhecedores.

As fontes de água natural variam consideravelmente na quantidade de alumínio, dependendo da natureza do solo onde se encontram os lençóis freáticos ou a mina.

No mundo industrial, a concentração de alumínio nos rios e lagos tende a aumentar. A chuva ácida é uma conseqüência desse fato, bem como da concentração de outros metais pesados em rios e lagos.

Uma quantidade considerável de alumínio passa para a água potável, durante o seu tratamento, já que a maioria das estações usa o sulfato de alumínio como floculante primário para impurezas de lodo e barro. Infelizmente, estes processos adicionam alumínio à água.

Outras fontes de alumínio são antiácidos usados para neutralizar a acidez estomacal; panelas de alumínio que, em contato com alimentos ácidos, contendo conservantes (por exemplo, massa de tomate, que contém o conservante salicilato) são a fonte principal de contaminação do organismo. Também latas onde conservamos café, algumas ervas e chás, dependendo da procedência, contêm grande quantidade de alumínio, que pode ser liberado durante o processo digestivo.

Nos aditivos alimentares também encontramos alumínio na forma alumínio-silicato de sódio (em café solúvel), bentonita e alguns suplementos nutricionais. Além dos níveis das formas biodisponíveis no alimento, a possível dificuldade de filtração renal é a causa de retenção e excesso de alumínio no corpo humano.

Os lactentes podem ingerir alumínio através do leite materno desde que os níveis da mãe estejam elevados. Existe evidência de que o elevado nível de alumínio está associado com fraturas por osteoporose, doença de Alzheimer, Parkinson, hiperatividade e dificuldade de aprendizagem em crianças.

2. Arsênico (Arsenic)

É bem absorvido através da pele, transformando-se em vesículas e bolhas durante a contaminação.

Combinado com a hemoglobina dos glóbulos vermelhos causa a ruptura destes e a sua morte. A exposição crônica pode resultar em anemia e, em casos severos, pode acontecer falha cardíaca devido à falta de oxigênio (os glóbulos vermelhos são responsáveis pelo transporte de oxigênio).

Entre as fontes de arsênico podem-se citar: alimentos contaminados (especialmente frutos do mar), água e medicamentos. Fontes industriais de arsênico são: fundição nas minas, refinaria, gravura e processo de galvanização. Outras fontes incluem: inseticidas e fungicidas. Produtos comerciais com arsênico incluem: arsenato de sódio, arsenato de cálcio, arsenato de chumbo, arsenato de cobre, que é um bom conservante.

Os efeitos do arsênico são múltiplos e complexos: em termos biológicos ele é depositado no interior da célula. Dependendo do transporte em vários tecidos, ele pode reagir com qualquer uma das enzimas do corpo que contém o grupo sulfidrila.

Os efeitos patológicos do arsênico incluem: irritação da pele, de membranas mucosas, dano cromossômico em linfócitos, dano cromossômico em eritroblastos na medula óssea, aumento de eritroblastos com leucemia e dano vascular no miocárdio.

• *Sintomas da contaminação ao arsênico*

– Hálito de alho, fadiga, ânsias e náuseas, lesões na pele e mucosas, eczema e dermatite alérgica, áreas de hipopigmentação, queda de cabelo, unhas com estrias brancas, hiperqueratose palmo-plantar bilateral, "melanose arsenical" (em pálpebras, aréolas das mamas, no pescoço), conjuntivites, bronquites, gengivites.

– Salivação excessiva, estomatite, dor abdominal.

– Icterícia, neuropatia periférica, polineurite, hemólises, anemia, leucopenia, cianose nos dedos, síndrome de Reynaud. A exposição crônica ao arsênico é também associada a carcinoma baso-celular.

No plasma sangüíneo, os níveis de arsênico não correlacionam bem com a exposição ao mesmo, ou com os níveis celulares capazes de causar distúrbios fisiológicos ou patológicos.

Sintomas consistentes de excesso de arsênico (hálito de alho e dermatites), junto com nível elevado no cabelo, fornecem evidência de toxicidade. Com esses sintomas e com dois exames de análise de urina indicando alto nível de arsênico, a evidência é indiscutível.

3. Cádmio (Cadmium)

É usado na fusão de metais e encontrado nas baterias elétricas juntamente com o níquel, certos tipos de soldagem, máquinas copiadoras, pinturas e tinturas.

O cádmio pode entrar no organismo humano quando ingerimos: frutos do mar (conchas, caranguejos e camarões), fígado e rins, vegetais e plantas que crescem no solo contaminado; pode entrar nos pulmões pelo fumo do cigarro, de 0,1 a 0,2 mcg/cigarro. A quantidade de cádmio no corpo humano é estimada em 50 mg (com depósito nos rins de 2 a 20 nanogramas/g); no organismo dos fumantes essa quantidade dobra.

Baixos níveis de contaminação caracterizam-se por: aumento de salivação, fadiga, perda de peso, fraqueza, disfunção sexual (depois de algum tempo de contaminação), disfunção renal (de dez a vinte anos após contato prolongado). Algum grau de hipertensão pode resultar antes que a disfunção glomerular (nível renal) seja reconhecida, podendo desenvolver mais tarde proteinúria tubular. Um efeito retardado pode ser anemia hipocrômica e microcítica, não causada por falta de ferro.

Efeito nos ossos: dor nas costas, extremidades, osteomalácia (amolecimento dos ossos) devido a calcinúria e fosfatúria. A inalação da fumaça do cádmio pode provocar enfisema pulmonar.

4. Chumbo (Lead)

O chumbo era encontrado em pequenas concentrações na superfície da Terra. Foi espalhado no meio ambiente e gradualmente incorporado aos tecidos dos humanos, animais e plantas.

No ar urbano a concentração de chumbo é hoje 2.000 vezes maior que no início da revolução industrial. Estudos têm comprovado a sua presença até nas águas dos pólos. No homem, a concentração é 500 a 1.000 vezes maior do que era há 50 anos.

Esse é o resultado do extensivo uso do chumbo na gasolina e também nas pinturas, tintas e baterias de automóvel, cerâmica industrial e na contaminação de alimentos e águas. Tem sido estimado que nos últimos cem anos o conteúdo de chumbo nos alimentos aumentou 100 vezes e na água, 750 vezes.

As partículas derivadas da gasolina, presentes no ar, ocasionam sérios problemas, pois, devido a seu tamanho pequeno, têm eficiente absorção e penetração pulmonar.

Além da inalação, o chumbo é absorvido pela ingestão de alguns alimentos industrializados que utilizam embalagens com lacre de chumbo, assim como a cerâmica esmaltada, especialmente se o esmalte está rachado ou aplicado inadequadamente.

Encontramos muito chumbo nos alimentos devido às partículas emitidas pela gasolina. Na agricultura, as plantas que crescem próximas a estradas têm concentrações significativamente maiores de chumbo depositado nelas. Ao se consumirem frutas ou vegetais contaminados, assim como carnes ou animais de fazenda que se alimentam de pasto contaminado com chumbo, ocorre a sobrecarga desse metal no organismo.

Crianças novas são particularmente vulneráveis porque absorvem a metade do chumbo ingerido, sendo que os adultos absorvem somente de 5 a 10%. Nessa fase, elas tendem a explorar o mundo com a boca, às vezes ingerindo o esmalte dos objetos, acelerando a contaminação.

Numerosos estudos têm demonstrado correlação entre a contaminação em baixa concentração de chumbo no sangue e desordens e inabilidades da infância. Acontecem dois fenômenos:

– O chumbo induz o retardamento ou deficiência na maturação e na conexão interneural do sistema nervoso central.
– O chumbo induz distúrbios na bioquímica cerebral.

Chumbo – fontes ocupacionais de contaminação

- quem trabalha com ácidos
- atores
- quem fabrica baterias
- ferreiros
- encadernadores
- quem fabrica tampas de garrafa
- polidores de latão
- fundidores de latão
- quem reveste ou decora com metal
- quem trabalha com tijolos, queima e construção
- quem trabalha com bronze
- quem fabrica escovas e pincéis
- quem fabrica latas
- quem fabrica cartuchos
- quem fabrica equipamentos químicos
- quem fabrica parafina
- quem fabrica charutos
- quem fabrica instrumentos cortantes
- decoradores
- trabalhadores em demolição
- técnicos na área de odontologia
- polidores de diamante
- quem fabrica tinturas
- quem fabrica dispositivos eletrônicos
- galvanizadores
- reprodutores por método eletrolítico
- ornamentistas
- quem fabrica rodas de esmeril
- queimadores de esmalte
- quem fabrica esmaltes
- quem fabrica explosivos
- fazendeiros
- cortadores de arames
- quem fabrica flores artificiais
- bombeiros
- mecânicos
- vidraceiros
- polidores de vidro
- refinadores de ouro
- quem trabalha com forno para polimento
- quem fabrica lâmpadas incandescentes
- quem fabrica tintas
- quem fabrica armas
- quem fabrica inseticidas
- joalheiros
- refinadores de metais
- quem fabrica etiquetas (pintura em latas)
- laqueadores
- quem fabrica peças que contêm chumbo e derivados

Fonte: Trace Elements, Hair Analysis and Nutrition. E Cranton, Keats Publish., New Canaan, CT, 1983

Pessoas que inalam o chumbo

- quem fabrica linóleo
- quem fabrica linotipo
- queimadores de óleo de linhaça
- queimadores de metal
- quem fabrica fósforos
- quem fabrica borracha
- cortadores de metal
- polidores e refinadores de metal
- quem fabrica instrumentos musicais
- pintores
- quem fabrica pérolas artificiais
- quem trabalha com ácido nítrico
- quem trabalha com plástico
- policiais
- quem trabalha com fotografias
- quem trabalha com material farmacêutico
- encanadores
- impressores
- quem fabrica louça ou utensílios em barro
- quem fabrica massa de vidro
- rebitadores
- quem fabrica material para telhados
- polidores de borracha
- restauradores de borracha
- atendentes em estações rodoviárias, ferroviárias e aeroportos
- quem trabalha com lâminas de metal
- quem fabrica calçados
- quem fabrica chumbo para armas
- esmaltadores de porcelana
- estampadores de seda
- soldadores
- gravadores no aço
- curtidores
- quem fabrica tubos de imagem para televisores
- quem fabrica vidros temperados
- fabricação têxtil
- quem fabrica azulejos e ladrilhos
- quem trabalha com estanho
- tipógrafos
- quem fabrica compostos do vanádio
- quem fabrica verniz e esmaltes
- atendentes de veículos em túneis
- impressores de papel de parede
- soldadores
- quem trabalha com descoloração de madeira
- quem trabalha com zinco

Fonte: Trace Elements, Hair Analysis and Nutrition. E Cranton, Keats Publish., New Canaan, CT, 1983

As crianças são também mais vulneráveis, pois a barreira hematoencefálica ainda não se desenvolveu completamente.

Essa contaminação ocasiona alterações no aprendizado, freqüentemente confundidas com hiperatividade. Alguns especialistas em toxicologia comportamental têm sugerido que intoxicações subclínicas com chumbo são fator contribuinte na promoção da delinqüência juvenil e conduta criminal também nos adultos.

O chumbo pode ser fator contribuinte no desenvolvimento de doença neuronal motora, fraturas de osso e osteoporose. Níveis baixos de exposição crônica ao chumbo têm sido ligados a desenvolvimento precoce de demência pré-senil, tipo Alzheimer.

O cérebro do adulto pode ser vulnerável aos efeitos neurotóxicos de exposição ao chumbo. Os sintomas incluem agitação, insônia, ilusões, manias, agressão, tendência suicida e algumas formas de esquizofrenia.

As gestantes constituem um grupo de risco especial, pois o chumbo pode atravessar a placenta e chegar ao feto, elevando o nível de chumbo no sangue fetal. Essa exposição ao chumbo *in útero* pode promover má-formação ou levar a natimortos.

• Sintomas de toxicidade aguda (intensa) em adulto

Forte dor de cabeça, vertigem, tremores, paralisia motora, dores nas articulações, neurites ópticas, comportamento maníaco, distúrbios mentais gerais. Se não tratados, podem ocorrer ataxia, convulsões e morte.

• Sintomas de toxicidade aguda (intensa) em crianças

Retardamento mental, apreensões periódicas, cegueira, paralisia cerebral, dificuldades de aprendizado. Sintomas iniciais em crianças incluem vômitos freqüentes e substanciais, sonolência, letargia, hiperirritabilidade, anorexia, distúrbios mentais gerais.

• Sintomas de toxicidade por exposição crônica em adultos

Anorexia, desconforto muscular, mal-estar (indisposição), dor de cabeça, constipação ou diarréia, gosto metálico (paladar), fadiga fácil, insônia, sonhos perturbados, ansiedade, inquietação (impaciência), irritabilidade, dor abdominal.

• Sintomas de toxicidade por exposição crônica em crianças

Temperamento irado, retraimento, choro freqüente por razão não aparente, temor (timidez); apatia (desânimo), recusa de brincar, outros problemas emocionais e comportamentais, incapacidade (inabilidade, deficiência) de aprendizado e hiperatividade.

Efeitos de exposições de longa data parecem resultar em efeitos nocivos em órgãos, sangue e sistemas nervoso e endócrino, assim como na queda da resistência a infecções, alteração nos cromossomos e debilitação mental em crianças.

Baixos níveis de chumbo também apresentam correlação positiva (70%) com progresso lento em crianças que estão em idade escolar.

5. Mercúrio (Mercury)

O mercúrio é um metal extremamente tóxico na forma de metal líquido altamente volátil a temperaturas normais, e seus vapores são rapidamente absorvidos quando inalados. Todo mercúrio é tóxico e nocivo para a saúde. Algumas formas desse metal são mais tóxicas que outras.

O mercúrio inorgânico pode ser absorvido pela inalação do vapor ou por aerossóis de sais de mercúrio (formas muito tóxicas de metal com grande poder de irritação); pode ser absorvido por via oral ou através da pele, das membranas mucosas e do tubo digestivo.

Em odontologia, é usado na preparação do amálgama (material mais comumente usado para preencher cavidades causadas por cáries dentárias). Em geral, um ou mais metais são combinados com o mercúrio para formar uma massa maleável. Esse material é então comprimido na cavidade. O amálgama endurece, completando a restauração ou obturação dentária. Uma vez aplicado o amálgama no paciente, existem vários fatores para determinar a longevidade da obturação: *mastigação*, que exerce uma pressão de compactação e tende a gerar calor; *saliva*, que representa o nível de acidez de fluidos orais. Ambos os fatores (incluindo comidas ácidas ou quentes) aumentam a vaporização. O amálgama começa a se desgastar e o resultado é a liberação contínua de mercúrio para o estômago.

Mercúrio – fontes de contaminação

- amálgamas dentários com mercúrio e prata
- termômetros e barômetros quebrados
- peixes e mamíferos marinhos
- talcos
- cosméticos que contêm mercúrio
- látex e solventes
- diuréticos
- ar poluído por vapor industrial de mercúrio
- águas poluídas pelas indústrias
- alguns tipos de supositórios
- mercúrio e mertiolate, usados em curativos
- amaciantes
- ceras e graxas
- filtros de ar-condicionado
- conservantes de madeira
- material usado por joalheiros
- baterias elétricas
- fungicidas usados em gramados e árvores
- couro colorido
- adesivos
- laxantes que contêm calomel
- clareadores de pele
- feltros
- ungüentos psoriáticos (pomadas)
- material utilizado para revelação de fotos
- tatuagem
- fertilizantes
- fungicidas utilizados em água
- pinturas de látex
- preservantes de pele

Fonte: Trace Elements, Hair Analysis and Nutrition. E Cranton, Keats Publish, New Canaan, CT, 1983

Fontes ocupacionais de contaminação

- dentistas
- fabricantes de desinfetantes
- fabricantes de drogas (medicamentos)
- fabricantes de tinturas
- fabricantes de medidores (consumo de água, eletricidade)
- embalsamador e conservador
- galvanizadores
- fabricantes de explosivos
- fabricantes de espelhos
- fazendeiros
- fabricantes de lâmpadas de néon
- detetores de impressões digitais
- fabricantes de papel
- fabricantes de lataria
- extratores de ouro
- técnicos em histologia
- fabricantes de relógios (mercúrio)
- joalheiros
- trabalhadores em laboratórios (químicos)
- fabricantes de tintas
- fotógrafos
- fabricantes de lâmpadas fluorescentes
- fabricantes de manômetros
- trabalhadores em minas de mercúrio
- fabricantes de pesticidas
- trabalhadores em impressão têxtil
- extratores de prata
- empalhadores de animais
- fabricantes de bactericidas
- fabricantes de barômetros
- fabricantes de baterias de mercúrio
- fabricantes de caldeiras
- fabricantes de calibre para instrumentos
- fabricantes de peças em bronze
- fabricantes de soda cáustica
- fabricantes de cerâmica
- fabricantes de amálgamas dentários

Fonte: Trace Elements, Hair Analysis and Nutrition. E Cranton, Keats Publish, New Canaan, CT, 1983

O mercúrio orgânico, usado em forma de sais álcool-mercúricos, foi muito usado como fungicida, o que acarretou os maiores acidentes de envenenamento humano pelo consumo inadvertido de sementes tratadas com mercúrio. Também é usado em aerossol líquido (metilmercúrio) ou sólido, como antimofo (fenilpropanato de mercúrio); são fontes extremamente perigosas de intoxicação por mercúrio, que pode ocorrer pela inalação de seus vapores tóxicos.

Outra fonte de mercúrio são peixes de água doce ou de água salgada contaminadas; se consumidos diariamente, estaremos ingerindo 1 a 10 mcg de Hg/dia.

Os efeitos do mercúrio em suas várias formas químicas são observados no sistema imune, glândulas endócrinas, rins, órgãos sensoriais, intestino etc., sendo de risco particularmente maior para o sistema nervoso. Ele consegue atravessar a barreira hematoencefálica e ficar na glândula pituitária, córtex occipital, córtex renal e tireóide.

As manifestações do mercúrio no sistema nervoso são conhecidas como "síndrome *mercurialis erethismus*", compreendendo sintomas como irritabilidade, excitabilidade, alterações do temperamento e agressividade, perda da memória, demência, dificuldade para interpretar as informações, dificuldade para concentrar-se, dificuldade em ler, neurastenia, distúrbio de consciência, afasia, incoerência na fala e no pensamento. Efeitos multiplicados ocorrem quando acontece a contaminação por mercúrio juntamente com chumbo.

A Suécia, a partir de 1997, praticamente baniu o uso do mercúrio, incluindo amálgama dentário, por ser tóxico ao organismo.

6. Níquel (Nickel)

Existe uma grande variedade no nível de níquel nos alimentos. O níquel do solo é absorvido pelas plantas e assim passa para os animais que consomem essas plantas, ou ele é adicionado aos alimentos na fase de processamento.

Os efeitos mais comuns da contaminação pelo níquel são: dermatoses, dermatite de contato e atópica; o sistema imune torna-se mais sensível, causando respostas hiperalérgicas a várias substâncias dos poluentes ambientais. Observa-se que as mulheres são de três a cinco vezes mais sensíveis que os homens.

A fumaça e a poeira do níquel podem ser carcinogênicas, induzindo neoplasia nos seios nasais e trato respiratório (esses sintomas aparecem com mais freqüência em trabalhadores de indústrias que utilizam o níquel).

Os sintomas de contaminação aguda são: dor de cabeça, vertigem, fraqueza muscular, náusea, vômito e palpitação.

Os sintomas de contaminação crônica devido a níveis baixos de exposição podem provocar coceira na pele, dermatites, eczema, múltiplas alergias como asmas, conjuntivite, rinite e sinusite.

As fontes do níquel são numerosas e incluem:

- cigarros (de 2 a 6 mcg de níquel por cigarro);
- baterias de níquel e cádmio;
- materiais dentários preciosos e semipreciosos;
- próteses que contêm níquel;
- processo de eletrogalvanização, objetos folheados com níquel;
- pigmentos geralmente usados na fabricação da cerâmica e do vidro;
- materiais catalisadores (processo de hidrogenação dos alimentos);
- moeda de níquel, bijuterias, óculos, tesoura;
- arcos para soldagem;
- refinamento de níquel e processos metalúrgicos (especialmente o aço inoxidável).

7. Estanho (Tin)

O estanho é considerado um poluente ambiental, tanto pelo uso de latas como por inalação devido a poluição industrial. O nível no organismo aumenta com a idade.

Há mais de 200 anos o estanho é usado na embalagem para a conservação de alimentos. Os alimentos absorvem o estanho das latas, e assim o ingerimos. Encontramos esse mineral no solo e em alguns alimentos. A industrialização adiciona um pouco mais de estanho aos alimentos. Encontramos o estanho na soldagem do ferro com cobre e também na composição das pastas dentais.

Nutrientes minerais

Como as vitaminas, os minerais não contêm caloria ou energia em si, mas são responsáveis pela produção de energia.

Ao contrário de algumas vitaminas, os minerais não são produzidos no organismo. Os minerais naturais vêm do solo e nos oferecem suporte funcional e estrutural.

Os minerais eletrolíticos especiais – sódio, potássio e cloro – ajudam a regular o equilíbrio ácido-básico do organismo. Outros minerais são parte das enzimas que catalisam reações bioquímicas e ajudam na produção de energia ou participam do metabolismo.

Alguns minerais também ajudam na transmissão nervosa, contração muscular, permeabilidade celular e formação do sangue e dos tecidos.

Por que os minerais são essenciais?

Os minerais são considerados essenciais para o bom funcionamento celular pois são vitais em nível metabólico. Vários minerais são quelados por moléculas orgânicas. Esse é um processo natural que permite ao mineral ser mais bem absorvido no organismo.

Existem os macro e os micronutrientes. Os macronutrientes são necessários em doses diárias maiores que 100 mg. Os micronutrientes ou elementos traços são necessários em doses diárias menores que 1 mg.

8. Cálcio (Calcium)

Esse mineral é o mais abundante do organismo e desempenha importantes funções na formação da estrutura óssea, no controle da pressão arterial, na contractilidade muscular, coagulação sangüínea e transmissão dos impulsos nervosos. Alterações no nível normal do cálcio constituem-se num dos problemas fundamentais no aparecimento de diversas perturbações orgânicas, dentre elas a osteoporose.

As necessidades diárias de cálcio variam de acordo com idade, sexo e atividade física, ficando na média de 1.000 mg para jovens e adultos sem alterações do nível desse mineral. Mas em pessoas com alterações do nível de cálcio as necessidades diárias serão ajustadas de acordo com a patologia detectada, como na osteoporose, em que há perda de cálcio no tecido ósseo, e não necessariamente no sangue.

Entre as principais fontes alimentícias ricas em cálcio estão o leite e derivados, brócolis, espinafre, leguminosas (lentilha, ervilha, soja). No entanto, várias são as formas em que o cálcio pode ser encontrado, como nas formas inorgânicas (carbonato, sulfato, cloretos), quelatos com ácidos orgânicos (citrato, fumarato, malato e glutarato), quelatos com sais orgânicos (gluconato, lactato, aspartato etc.), cálcio de ostras e outros. O que diferencia o cálcio é a absorção e a forma como o organismo o utiliza, uma vez que ele é um dos principais componentes da placa aterosclerótica, responsável por diversos transtornos, às vezes fatais, como o infarto agudo do miocárdio. Por isso, o uso indiscriminado do cálcio pode causar danos ao invés de benefícios.

A orientação e acompanhamento médicos são imprescindíveis, pois, além dos motivos já explicados acima, o distúrbio do cálcio pode advir de diversas causas, cabendo ao médico identificá-las. Dentre elas podemos citar:

- Pouca exposição à luz solar: a pouca exposição ao sol leva à deficiência na formação da vitamina D, que é composta na pele a partir da estimulação dos raios ultravioleta.
  A vitamina D funciona como um hormônio, já que estimula as células da mucosa intestinal a produzirem uma proteína que se liga ao cálcio e transporta-o através da membrana celular para a corrente sangüínea.

Cerca de 10 minutos diários de exposição ao sol garantem suprimento adequado de vitamina D.

- Excesso de fósforo na dieta: o fósforo compete com o cálcio pela absorção, e esse fato está se tornando cada vez mais grave devido ao consumo excessivo de alimentação industrializada (rica em ácido fosfórico) como legumes em conserva, doces em conserva, refrigerantes etc.
- Baixa ingestão de magnésio: o magnésio é importante para a fixação do cálcio nos ossos e nos dentes.

A administração de cálcio extra sem a simultânea administração de magnésio poderá ocasionar transtorno para o tecido ósseo. O magnésio é encontrado principalmente nas verduras; no leite de vaca o teor de magnésio é seis vezes menor do que o de cálcio. A proporção adequada de cálcio e magnésio é de duas partes do primeiro e uma do segundo.

Intoxicações por metais (mercúrio, chumbo, alumínio e cádmio), os quais substituem o cálcio no tecido ósseo, causam sérios problemas para sua estrutura (ossos fracos). O exame mineralográfico dos cabelos é essencial para verificação dos níveis dos minerais no organismo.

Fatores hormonais, etilismo, tabagismo, cafeína, medicamentos (diuréticos e antiácidos), excesso de gorduras e fibras, hipertireoidismo etc. prejudicam a absorção; além de aumentar a excreção urinária do cálcio, contribuem para o desalojamento do cálcio ósseo.

Relembrando, os distúrbios de cálcio exigem acompanhamento médico, que irá investigar a causa através de exames clínicos e laboratoriais, e orientará na reposição adequada do mineral. A reposição indiscriminada poderá acarretar problemas, às vezes muito graves.

Fatores que interferem na absorção do cálcio

Aumenta com:

- vitamina D em quantidades adequadas;
- lactose do leite;
- ácido clorídrico, ácido cítrico, ácido ascórbico (vitamina C);
- nível de proteína e aminoácidos como L-lisina e L-glicina;
- exercícios;
- equilíbrio do fósforo.

Diminui com:

- deficiência de vitamina D;
- problemas gastrintestinais;
- hipocloridria (pouco ácido no estômago);
- estresse;
- falta de exercício;
- aumento de gordura;
- aumento de proteínas;
- alimentos que contenham ácido oxálico, espinafre, ruibarbo, cacau;
- aumento de fósforo e falta de magnésio.

9. Magnésio (Magnesium)

É um mineral essencial e existe em nosso corpo em quantidade pequena. O magnésio é envolvido em centenas de reações enzimáticas. Muitas contribuem na produção de energia e auxiliam a função cardiovascular.

Em torno de 65% do magnésio existente no corpo humano estão depositados nos ossos e dentes. Como acontece com o cálcio, os ossos agem como um reservatório de magnésio, nos casos de necessidade. Os 35% restantes ficam no sangue, líquidos e outros tecidos. Existe ainda alta concentração no cérebro.

Fontes: principalmente os vegetais e frutos do mar. Grande parte das castanhas, sementes e legumes, soja e derivados, caju e castanha-do-pará, amêndoas, grãos integrais, arroz integral e frutas como o abacate e damascos secos.

Função: o magnésio é considerado o mineral antiestresse, é um calmante natural; sua função é relaxar a estrutura muscular, as veias e o trato gastrintestinal.

O magnésio modula a potência elétrica entre as membranas celulares, o que permite a passagem dos nutrientes. Ajuda a dar energia, transferindo a molécula principal de fosfato para o trifosfato de adenosina (ATP), a principal fonte de energia da célula.

É importante na produção e transferência de energia, nas contrações musculares e no relaxamento, na condução nervosa, na síntese das proteínas e em muitas reações bioquímicas como um co-fator para as enzimas.

Problemas que podem ser amenizados pelo magnésio: arteriosclerose, arritmia, angina pectoris, hipertensão, bronquite asmática, epilepsia, autismo, hiperatividade, síndrome pré-menstrual, cálculos renais, dor menstrual, alcoolismo, fadiga, osteoporose, ansiedade, insônia, cãibras.

Atualmente, a deficiência em magnésio é muito comum. Normalmente ela não é detectada nem tratada. A deficiência aparece quando as pessoas consomem muito alimento processado e vegetais cozidos, além de alimentos plantados em solo pobre em magnésio. Nas queimaduras, cirurgias, diabetes, problemas hepáticos, também há má absorção de magnésio. Essa baixa absorção também se verifica em pessoas que tomam chá ou café em excesso, consomem muito açúcar ou fazem uso não controlado de pílulas anticoncepcionais.

Os sintomas dessa deficiência incluem fadiga, anorexia, irritabilidade, insônia, tremor muscular, mudanças psíquicas como apatia, apreensão, dificuldade de aprender, confusão e memória afetada, taquicardia ou outros problemas cardiovasculares. O aumento dessa deficiência pode causar problemas musculares, delírio e alucinação. Ocorrem também espasmo arterial, especialmente das coronárias, sintomas de angina e ataque cardíaco. A hipertensão pode também ser uma conseqüência da deficiência de magnésio, assim como os cálculos renais e outras calcificações.

10. Sódio (Sodium)

O sódio é um dos eletrólitos (sódio, potássio) que se ligam ao movimento da água; onde há sódio, há água.

Normalmente, a palavra "sal" refere-se ao cloreto de sódio.

Existem dúvidas sobre a relação do sal com a hipertensão. A relação sódio/potássio pode ser mais importante no controle da pressão arterial que a atual quantidade de sódio. Pesquisas indicam que outros minerais, incluindo cálcio, magnésio e cloretos também podem causar hipertensão.

Fontes: a maioria dos alimentos contém sódio, especificamente na forma de cloreto de sódio. É encontrado em grande quantidade em frutos do mar, carne bovina e aves; em quantidade menor em vegetais, aipo, cenoura e alcachofra. Não existe necessidade fisiológica de adição de sal em nossa dieta. Nosso organismo tolera e provavelmente funciona melhor sem o excesso de sódio. Alguns problemas relacionados com a ingestão exagerada de sódio: hipertensão, sintomas pré-menstruais, retenção de líquidos.

11. Potássio (Potassium)

O potássio é um mineral também importante para as células e o intercâmbio iônico; é um dos principais minerais do sangue, um eletrólito (os outros são o sódio e os cloretos); isso significa que ele tem carga elétrica (potencial).

A dieta natural, abundante em frutas, vegetais e grãos integrais, é rica em potássio.

Fontes: a maioria dos alimentos. Muitas frutas e vegetais são ricos em potássio e pobres em sódio, ajudando a prevenir a hipertensão. Grande parte do potássio é perdida no processamento de alimentos enlatados, enquanto quantidade menor se perde quando congelamos as frutas ou vegetais.

Vegetais: alface, espinafre, salsicha, brócolis, feijão, tomate e batata.

Frutas: frutas cítricas, banana, maçã, abacate, uva, damasco seco.

Grãos integrais: germe de trigo, sementes, castanhas.

Peixes: salmão, sardinha, linguado e bacalhau.

O potássio é importante no corpo humano. Juntamente com o sódio, regula o líquido no organismo e a ação do ácido básico no sangue e nos tecidos.

12. Cobre (Copper)

Foi considerado por muito tempo um elemento importante, desde que ingerido em doses mínimas (em inglês se diria *trace elements*). Deve haver sempre uma relação entre os níveis de cobre e zinco. Recentemente pensa-se mais em sua toxicidade.

Encontramos o cobre em todos os tecidos do organismo. Aumenta os níveis de hormônio estrogênio durante a gravidez e pode provocar alteração na relação cobre/zinco no uso prolongado de anticoncepcionais.

O cobre é importante como catalisador na formação da hemoglobina, portadora do oxigênio. O cobre nos glóbulos vermelhos é ligado à eritrocupreína, substância que, acredita-se, tem a atividade da superóxido dismutase (SOD), que aumenta a energia.

Ele também ajuda a oxidar a vitamina C para, juntos, formarem o colágeno. Ajuda a ligar as fibras de colágeno e assim suportar os tecidos, auxiliando também na formação dos ossos. O cobre é encontrado em várias enzimas, a mais importante é a "superóxido dismutase citoplasmática". As enzimas do cobre agem no metabolismo do oxigênio dos radicais livres, tendo assim ação antiinflamatória suave. O cobre também funciona nas conversões de alguns aminoácidos.

Alguns médicos não prescrevem o cobre como suplemento por haver mínima margem entre as doses terapêuticas e tóxica.

13. Zinco (Zinc)

O zinco tem funções importantes e um potencial que permite a médico e paciente pensarem nele freqüentemente para ajudar no tratamento de diferentes problemas.

Mais de cem enzimas utilizam o zinco em suas funções e este é o mineral mais envolvido nas funções do organismo. É importante para o crescimento, para a formação de tecidos, normalização das funções sexuais, reforço do sistema imunológico e desintoxicação.

Está envolvido em várias funções e faz parte de vários sistemas enzimáticos. No metabolismo, o zinco é parte da etilenodesidrogenase, que ajuda no processo de desintoxicação.

Acredita-se que o zinco ajuda a utilizar e manter o nível adequado de vitamina A no organismo. Através dessa ação, ajuda a manter a beleza da pele e a sua regeneração em caso de queimadura ou outros acidentes. Ajuda na formação de colágeno e no tratamento de pele com acne, além de ser necessário para a ação da lactase e da malatodesidrogenase, duas enzimas importantes para a produção de energia.

O zinco é importante para a síntese dos ácidos nucléicos, DNA e RNA. Tem função antioxidante e também é importante para a formação da estrutura celular e seu funcionamento.

É importante também para a atividade da insulina e tem ação antiinflamatória, principalmente nas articulações e no nível de parede arterial.

O zinco é utilizado para melhorar o estado geral do organismo. Os atletas necessitam de maior quantidade de zinco. Em casos pós-cirúrgicos, demonstrou encurtar o tempo previsto para a recuperação e amenizar infecções pós-operatórias.

Esse mineral também é utilizado no tratamento de doenças de pele, acne, dermatite, úlceras e para tratamento de unhas e cabelos. Relaciona-se também a ocorrência de catarata com a deficiência em zinco. É usado no tratamento de baixa resistência imunológica e problemas de próstata.

A deficiência de zinco no organismo causa problemas de infertilidade, impotência ou desenvolvimento sexual lento; além de contribuir para alterações do ciclo menstrual. Atribui-se à falta de zinco a perda do paladar. A HPB (hiperplasia prostática benigna) tem como provável causa o baixo nível de zinco (e intoxicação por cádmio).

O zinco é recomendado para artrites reumatóides, na prevenção de cáries, protegendo a parte branca dos dentes (esmalte).

A deficiência do zinco no organismo pode ser causada por: dieta inadequada, idade, gestação, pílulas anticoncepcionais, altos níveis de cobre, alcoolismo, estresse, queimaduras, infecções crônicas ou agudas, cirurgias, terapia diurética, parasitas, psoríase, má absorção alimentar, cirrose, intoxicação por cádmio.

A concentração desse mineral é diminuída quando os alimentos provêm do solo pobre em zinco ou quando são processados (industrializados). Os alimentos, quando processados industrialmente, perdem grande parte desse nutriente, assim como cromo, molibdênio e vitamina B.

A chuva, assim como os procedimentos técnicos para tratamento do solo, pode tirar zinco, iodo, enxofre e selênio da terra cultivável.

Fontes: todos os alimentos de origem animal contêm boa quantidade de zinco, sendo que as ostras contêm esse elemento em grandes proporções, embora devam ser ingeridas com cuidado, pois contêm cobre e outros poluentes.

14. Ferro (Iron)

O ferro é bem conhecido entre os minerais traços com longa história. É o primeiro a se incorporar nos tecidos, além de ser o mineral mais importante, formando 5% do conteúdo dos minerais existentes na Terra.

A mais importante função do ferro no organismo é a formação de hemoglobina. O ferro é o nódulo central da molécula de hemoglobina carregando os componentes do glóbulo vermelho (RBC). Junto com a proteína, o ferro é transportado no sangue para a medula, onde, com a ajuda do cobre, forma a hemoglobina. Se tiramos o ferro, produzimos menos hemoglobina e, assim, o oxigênio diminui nos tecidos. As proteínas ferritina e transferrina são responsáveis pela circulação do ferro no organismo e sua fixação em alguns órgãos como medula óssea, fígado e baço.

Normalmente, quando o corpo necessita de mais ferro, a absorção aumenta através do aumento das proteínas encarregadas de levar o ferro ao sangue, conhecidas por transferrinas.

O ferro natural do alimento, denominado ferroso (+2), é mais bem absorvido que na forma férrico (+3). A vitamina C ajuda na conversão do ferro para ferroso, facilitando sua absorção. O ferro absorvido no sangue é ligado à proteína transferrina e vai principalmente para a medula, onde é usado na produção das células vermelhas. Parte do ferro vai para o fígado e baço.

O valor normal é entre 15-200 mcg. Inferior a 15 mcg indica insuficiência de ferro. No caso de toxicidade, o nível de ferritina aparece altíssimo. Jerome Sullivan, pesquisador do metabolismo do ferro, mostrou recentemente que o aumento no nível de ferro e sua reserva podem aumentar o risco de ataque cardíaco e arteriosclerose nos homens e também, na menopausa, nas mulheres. Na fase fértil da vida feminina a menstruação elimina o excesso de ferro.

O ferro é necessário para enzimas importantes na produção de energia e metabolismo de proteínas. O sistema citocromo (classe de proteínas que afetam o processo oxidativo) depende das enzimas de ferro, que devem atuar dentro da mitocôndria (produtora de energia) e das células para produzir energia. Os citocromos com ferro, catalase de ferro e ferro peroxidase provavelmente ajudam na proteção dos tecidos e células contra a oxidação.

Pesquisas realizadas em animais mostraram que o ferro pode irritar o sistema vascular, mas isso ainda não foi comprovado nos seres humanos.

15. MANGANÊS (MANGANESE)

Essencial para sistemas de enzimas, que têm funções importantes na produção de energia, no metabolismo de proteínas, na formação dos ossos e na síntese da L-dopamine, do colesterol e dos mucopolissacarídeos.

O manganês é encontrado em muitas enzimas das células do corpo, principalmente dentro das mitocôndrias (as produtoras de energia).

As castanhas e os grãos integrais são as melhores fontes de manganês. A maioria dos alimentos de origem animal tem níveis baixos desse mineral. A gema do ovo tem quantidade considerável. Sementes e legumes, feijões, ervilhas e folhas verdes, principalmente o espinafre, são também considerados ricos em manganês, quando o solo no qual são produzidos é bem tratado.

O manganês está envolvido em vários sistemas enzimáticos, ajudando a catalisar várias reações bioquímicas. Estas e outras funções são importantes nos animais e continuam a ser investigadas nos seres humanos.

O manganês é usado como nutriente terapêutico, para suprir sua deficiência e para tratamento. As enzimas superóxido dismutase, das quais somente uma contém manganês (as outras utilizam zinco e cobre) têm efeito antioxidante, antiinflamatório, no corpo, e esta pode ser uma das utilidades relevantes do manganês. Ajuda também em algumas situações de fadiga, nervosismo e irritabilidade.

16. CROMO (CHROMIUM)

Foi descoberto em 1957. Aquilo que se chama cromo GTA é vital para regular o metabolismo dos carboidratos, potencializando a função da insulina para ação na glicose do organismo. O cromo GTA sumariamente é uma molécula de cromo ligada a duas moléculas de niacina e a três aminoácidos: duas cisteínas e ácido glutâmico.

O cromo é difícil de ser assimilado. O nível do cromo nos tecidos diminui com a idade e seu baixo nível pode ser um fator importante no aumento do diabetes.

O cromo encontra-se em concentração maior nos grãos integrais e na cana-de-açúcar. Essa concentração diminui no caso do refinamento do trigo (40%) e do açúcar (93%). Apesar de estar presente no açúcar refinado, o cromo é eliminado pela ingestão de alimentos adoçados com açúcar. A absorção diminui com a idade. Dietas que prejudicam a digestão, alimentos refinados e gordura podem inibir sua absorção.

A levedura de cerveja é a melhor fonte de cromo, tendo a maior atividade do GTF (*Glucose Tolerance Factor*), sendo seguida de carne, fígado, trigo integral, pimenta fresca, ostras, batatas, germe de trigo, ovos, frango, maçã, banana, manteiga, espinafre e centeio.

O cromo-GTF aumenta o poder da célula de obter a glicose que, metabolizada, aumenta a energia (ATP). Acredita-se que o GTF ligado à insulina e ao receptor da célula, utilizando a glicose, ajuda a diminuir o nível de "açúcar no sangue".

Foi mostrado que o cromo diminui o nível de colesterol no sangue, aumentando o HDL (chamado colesterol bom) e reduzindo o risco de doenças coronárias e arteriais. O exercício físico é também um fator de aumento do HDL.

Prevenindo a deficiência do cromo, podemos ajudar no tratamento de diabetes. Junto com a nicina (parte do GTF), o cromo é usado para tratar o colesterol LDL (colesterol mau) e reduzir a incidência de arteriosclerose, principalmente nos indivíduos com deficiência desse mineral.

Para prevenir a deficiência e manter o bom nível de cromo, recomenda-se:

- evitar açúcar e doces, refrigerantes, balas, cereais matinais açucarados, produtos refinados, farinha branca, pães e bolachas, a menos que sejam integrais.
- ingerir alimentos integrais, germes, levedura de cerveja.

17. Cobalto (Cobalt)

O cobalto é principalmente disponível como parte da vitamina B_{12}. Carne, fígado, rins, mariscos, ostras e leite, todos contêm o mineral. Peixes de água salgada e vegetais aquáticos contêm quantidade maior de cobalto. Alguns legumes contêm pouco, como espinafre, repolho, alface, folhas de beterraba e figos.

Como parte da vitamina B_{12}, o cobalto é essencial para a formação dos glóbulos vermelhos e também para outras células, além de ser usado na prevenção da anemia, principalmente da anemia perniciosa. A vitamina B_{12} é também recomendada em alguns casos de cansaço, desordens digestivas e problemas neuromusculares.

A deficiência em cobalto não está diretamente relacionada com a falta de vitamina B_{12}. Os vegetarianos são os mais afetados, e deve-se verificar a deficiência de cobalto e vitamina B_{12}.

18. Vanádio (Vanadium)

A maioria dos peixes tem uma pequena quantidade, mas as ostras e os arenques têm uma boa concentração desse metal. Está em estudos o envolvimento do vanádio no metabolismo dos lipídios e carboidratos e na possível redução do nível do colesterol LDL.

Parece ter efeito na redução do nível do colesterol. Outras pesquisas demonstram sua importância, para estabilizar o nível de açúcar no sangue e a produção dos glóbulos vermelhos. O vanádio estimula a função das enzimas, a formação dos ossos e dentes através da produção de coenzima A no metabolismo de gorduras.

Fontes: gordura e óleos vegetais, soja, girassol, milho e oliva. Grãos integrais, cenoura e repolho também contêm vanádio. Os rabanetes contêm concentração maior, enquanto encontramos concentração moderada nos ovos.

19. Molibdênio (Molybdenium)

É um mineral pouco conhecido, cuja importância foi descoberta recentemente. O molibdênio é considerado um mineral essencial para todos os mamíferos e plantas.

O molibdênio é parte vital de três importantes sistemas enzimáticos: xantina-oxidase, aldeído-oxidase e sulfito-oxidase. Tem também papel importante na manutenção do ácido úrico em níveis normais, para que possa exercer sua função antioxidante.

Desempenha papel na utilização do ferro no metabolismo de carboidratos e na desintoxicação dos sulfatos.

Pode reduzir a produção ou inibir as nitrosaminas, conhecidas como causadoras de câncer de cólon. As nitrosaminas têm sido associadas a altas incidências de câncer do esôfago.

O molibdênio, como a maioria dos elementos traços, deve ter sua dosagem diária controlada, pois o excesso pode ser tóxico. Os animais usados para testes demonstraram perda de peso, crescimento lento, anemia ou diarréia por tomarem altas doses desse mineral.

Fontes: grãos integrais, germe de trigo e aveia, legumes, lentilhas e aveia, vegetais com folhas verdes, couve-flor, espinafre, soja, lev.edo de cerveja, fígado e miúdos.

20. Boro (Boron)

Parece ajudar a manter o nível do cálcio, contribuindo para a saúde dos ossos, e a prevenir a osteoporose. O ácido bórico tem sido usado há décadas como adstringente para a pele e os olhos e é comum no uso medicinal.

Esse ácido não é recomendado para recém-nascidos, por serem mais sensíveis, assim como para pessoas de pele seca e com problemas gastrintestinais.

A dieta pobre em boro, baseada em alimentos refinados, pode gerar a deficiência e causar osteoporose.

Segundo alguns estudos a função do boro afeta o balanceamento do cálcio, fósforo e magnésio, regulando a produção de hormônios, principalmente os liberados pela paratireóide, que controla o movimento dos minerais e a transformação dos ossos. O boro ajuda, assim, a prevenir a perda óssea e a osteoporose.

Tem papel importante na hipertensão e artrite. Essas duas doenças são em parte ligadas à anormalidade e ao balanceamento do cálcio. Nível adequado de cálcio e magnésio ajuda no tratamento da hipertensão, enquanto a anormalidade aumenta as placas nas artérias e nos processos irritativos articulares.

Fontes: o boro está disponível em grãos integrais, frutas, como a maçã, pêra e uva, vegetais folhosos e castanhas.

21. Iodo (Iodine)

O iodo é um nutriente importante para o funcionamento da tireóide e na produção de hormônios. Os hormônios da tireóide, principalmente a tiroxina, composta de 65% de iodo, são responsáveis por nosso metabolismo basal, que é o uso da energia do corpo.

Os hormônios da tireóide regulam a energia do metabolismo e definem a "taxa metabólica basal" (BMR). A vida nas águas do oceano nos garante a melhor fonte de iodo. Peixes, moluscos e vegetais aquáticos são, sem dúvida, a melhor fonte. O bacalhau e o *haddock* são alguns exemplos.

O sal comercializado com iodo contém alumínio e outros elementos químicos, que podem causar problemas à saúde.

Existem maneiras saudáveis de se obter iodo, comendo peixes marinhos frescos, que também previnem doenças cardiovasculares e reduzem o colesterol.

Outras fontes: leite, ovos, cogumelos, pimenta verde, abacaxi, amendoim, queijo *cheddar* e pão de trigo integral.

Iodo suplementar pode ajudar na correção do hipotireoidismo. Tem sido usado para aumentar o nível de energia e nos casos de fadiga e memória baixa, aumento de peso causado pelo hipotireoidismo. Se o aumento do peso é resultado de deficiência em iodo, causado por diminuição da atividade da tireóide, essa condição de hipotireoidismo pode melhorar com iodo seguido de hormônio da tireóide.

É um bom exemplo de elemento traço, cuja deficiência provoca doença que é facilmente tratada com a suplementação da dieta; o bócio endêmico, o alargamento da glândula tireóide, desenvolve-se quando essa importante glândula metabólica não tem iodo suficiente para a fabricação de hormônios. Aumentando o seu tamanho, a tireóide tenta absorver mais iodo, criando um nódulo no pescoço. Sem a suplementação adequada de iodo, o hipotireoidismo provoca fadiga e preguiça, aumento de peso e frio em todo o corpo. Atingindo esse estágio, fica mais difícil o tratamento com iodo e torna-se necessário recomendar o hormônio da tireóide.

Não existe perigo ou toxicidade por deficiência ou aumento de doses por meio de dietas. Isso afeta somente a função da tireóide.

Alguns estudos recentes relacionam nível baixo de iodo com câncer de mama.

22. *Lítio (Lithium)*

Evidências recentes indicam a sua importância e mostram sua necessidade em doses pequenas. O excesso é eliminado na urina e nas fezes. Águas minerais de determinadas fontes são ricas em lítio, tendo ação relaxante e facilitando a digestão. O açúcar de cana e as algas também contêm lítio.

Esse mineral tem a função de estabilizar a transmissão de serotonina no sistema nervoso. Influencia o transporte de sódio e aumenta a atividade dos glóbulos brancos (linfócitos).

O lítio é importante em depressões e irritabilidade, nervosismo, impaciência com pessoas e aumento da agressividade; é muito comum a deficiência de lítio advir de sua deficiência no solo e na água.

Pode, eventualmente, ser usado para tratamento de problemas psiquiátricos, porém em altas doses. É utilizado para tratar alcoolismo e proporciona um bem-estar geral.

23. *Fósforo (Phosphorus)*

É o segundo mineral mais abundante no organismo (depois do cálcio), presente nos ossos. Cerca de 85% do fósforo é encontrado nos ossos e dentes. Nos ossos, está presente em forma de fosfato, como fosfato de cálcio, em quantidade equivalente à metade do cálcio total.

A dieta moderna caracteriza-se por dosagem alta de fósforo e baixa de cálcio, por isso ocorrem vários problemas causados por deficiência deste mineral. O fósforo e o cálcio podem competir na absorção em nível intestinal. Alto consumo de carne e refrigerantes pode aumentar o fósforo e contribuir para essa diferença no nível dos dois minerais. O ideal na dieta seria a proporção cálcio-fósforo de 1 para 1.

O fósforo está envolvido em várias funções, assim como na formação dos ossos e dentes. Como o cálcio, ele também é encontrado em todas as células e afeta a maioria das reações bioquímicas.

É vital para a produção e troca de energia de várias maneiras. É importante na utilização de carboidratos e gorduras para a produção de energia e síntese das proteínas responsáveis pelo crescimento, manutenção e reparação de todos os tecidos e células. Como fosfato não orgânico, no ATP, é necessário à síntese de proteínas e na produção de ácidos nucléicos no DNA e RNA, que carregam os códigos genéticos de todas as células.

Fontes: alimentos como carnes, peixe, frango, peru, leite, queijo e ovos, todos contêm quantidade substancial de fósforo. Sementes e castanhas também contêm bons níveis, além de grãos integrais, germe e farelo de trigo; muitas frutas e vegetais ajudam a balancear o cálcio e o fósforo na dieta.

24. Selênio (Selenium)

Sua importância fundamental como nutriente entrou em evidência principalmente nos anos 70 e 80. Apesar de ter sido considerado tóxico, é hoje visto como essencial, necessário em pequena dosagem diária.

O selênio tem uma variedade de funções, e pesquisas recentes trazem novas informações sobre sua ação no metabolismo. Seu papel principal é como antioxidante na enzima glutationa peroxidase-selênio.

O selênio faz parte de um sistema nutricional antioxidante que protege as membranas das células e a estrutura intracelular da peroxidação lipídica, prevenindo a degeneração celular pela ação dos radicais livres. Previne e retarda a ação do tempo sobre as células, assim como sua perda de elasticidade.

O efeito antioxidante pode também prevenir as doenças cardiovasculares e proteger contra o câncer. Precisamos diariamente de determinada quantidade de selênio para a conservação e o funcionamento adequados de todos os mecanismos conhecidos.

Estimula o sistema imunológico. Estudos epidemiológicos mostram alto nível de incidência de doenças cardiovasculares por deficiência de selênio.

Também nos protege dos metais tóxicos e outras substâncias agressoras. Ajuda na síntese protéica, no crescimento, desenvolvimento e fertilidade, principalmente no homem.

Benéfico no tratamento de problemas inflamatórios, pode ajudar no tratamento de doenças agudas e degenerativas, artrite e problemas imunológicos, ataques cardíacos e arteriosclerose.

O selênio ajuda, ainda, a aumentar nossa resistência, na medida em que tem efeito antienvelhecimento. A capacidade de dar mais elasticidade à célula ainda requer estudos. Reduz os sintomas da menopausa.

Selênio e vitamina E trabalham juntos, exteriorizando as funções antioxidante e estimulante do sistema imunológico, agindo conjuntamente para resultados melhores. Ambos fazem parte do grupo dos nutrientes que alongam a vida e atuam no retardo do envelhecimento.

O selênio também tem função antioxidante; daí sua importância, pois como se sabe a oxidação gera doenças degenerativas. Os homens necessitam mais de selênio, pois este permite a formação de espermatozóides e sua motilidade.

Os níveis de selênio no solo variam bastante de um lugar para outro, em todo o mundo, assim como esses níveis nas fontes alimentares variam conforme a qualidade do solo. Grande parte desse elemento se perde quando consumimos alimentos refinados.

Levedo de cerveja e germe de trigo contêm altas concentrações de selênio, assim como fígado, manteiga, peixes e frutos do mar, carneiro, muitos vegetais, grãos integrais e castanhas. Citamos também cevada, aveia, trigo integral, alho, cebola, cogumelo, brócolis, tomate e rabanete.

25. Enxofre (Sulfur)

É um elemento, não metálico, encontrado principalmente como parte de outros componentes maiores. Está presente em quatro aminoácidos, metionina, cistina, cisteína e taurina. Encontrado em duas vitaminas do complexo B, tiamina e biotina; a tiamina é importante para a pele e a biotina para o cabelo.

O enxofre é necessário para a formação de colágeno, um tipo de proteína, nos tecidos do organismo. O enxofre é encontrado na queratina, necessária para a manutenção da pele, cabelo e unhas, ajudando a dar firmeza e força a estes tecidos.

Esse mineral é encontrado também na pele dos animais e na plumagem de aves. A cisteína do cabelo tem o cheiro do enxofre queimado. O enxofre, na forma de cisteína e metionina, é parte de outros componentes químicos do organismo, como a insulina, que ajuda a regular o metabolismo dos carboidratos, e a heparina, um anticoagulante.

O enxofre é importante para a respiração das células, para a redução da oxidação e o desempenho da função do cérebro e da atividade celular. Algumas pomadas contendo enxofre ajudam no tratamento de eczema de pele, dermatite e psoríase.

Fontes: O enxofre é encontrado na proteína de carnes, aves, peixes, ovos, leite e legumes. A gema do ovo é a melhor fonte. Cebola, alho, repolho, couve-de-bruxelas e outros vegetais com cheiro forte. Os vegetarianos – que não consomem ovos e leite – não absorvem suficientemente esse mineral.

Não se deve tentar curar uma parte sem tratar o todo.
Não se deve tentar curar o corpo esquecendo a alma.
Platão (428-347 a.C.)

Ácidos Graxos Essenciais

Apenas recentemente tem-se entendido o papel das gorduras na nossa alimentação. As gorduras são uma fonte de energia e promovem proteção em torno da célula. São importantes componentes das membranas celulares e precursoras de moléculas reguladoras.

Nosso corpo é feito e precisa de gorduras e óleos, como colesterol, o ácido graxo essencial Ômega 3 e Ômega 6, que precisam estar em equilíbrio com os minerais, as proteínas e vitaminas. Caso isso não ocorra, distúrbios e doenças irão aparecer.

Da mesma forma que nós precisamos de proteínas, carboidratos, vitaminas e minerais, também necessitamos de boa qualidade em termos de óleos e gorduras para a saúde mental e física. Há dois tipos de gorduras, saturadas e insaturadas. As gorduras saturadas são encontradas na manteiga, nos ovos, no peixe, no frango e nas carnes e geralmente são ricas em colesterol. As gorduras insaturadas são encontradas em óleos vegetais, como os de sésamo, girassol, milho e linhaça. Estes são ricos em ácidos graxos essenciais Ômega 3 e Ômega 6. Os não essenciais monossaturados são encontrados em óleo de oliva e outros. Precisamos de uma certa quantidade tanto de óleo saturado como de insaturado na nossa alimentação.

Todos nós precisamos de colesterol em nossa dieta, pois ele é necessário para a produção de hormônios, para a qualidade da pele, e também as membranas das nossas células usam colesterol como elemento essencial em sua estrutura.

Precisamos também de gorduras insaturadas – ácidos graxos Ômega 3 e Ômega 6 encontrados em óleos vegetais. Não precisamos de gordura refinada e hidrogenada, encontrada nas margarinas e óleos vegetais refinados. Esses óleos e gorduras, em quantidade adequada na dieta, nos protegem de câncer e doenças cardiovasculares, as duas principais causas de morte nos países desenvolvidos.

Os esquimós do Alasca, apesar de consumirem grande quantidade de ácidos graxos saturados, não conheciam doenças cardiovasculares ou câncer. Só passaram a conviver com essas doenças após os Estados Unidos instalarem uma base militar na região, dando então início ao uso de produtos refinados, hidrogenados etc.

Estudos com camundongos alimentados com óleo de linhaça mostraram que estes quase não desenvolveram tumores, enquanto no grupo de camundongos alimentados com óleo refinado havia um grande número de animais com tumores. Esses são só alguns exemplos da importância do uso de óleos não refinados na prevenção de doenças degenerativas.

É fundamental uma quantidade adequada de ácidos graxos na nossa dieta, pois é importante fonte de energia essencial para o mecanismo de transporte do oxigênio básico na estrutura celular e produção hormonal.

Muitos de nós obtemos ampla (e muitas vezes excessiva) quantidade de Ômega 6 de derivados de sésamo, girassol, soja, canola e milho, mas deficiente de Ômega 3. Precisamos de uma suplementação rica em Ômega 3, que é encontrado em óleo de linhaça, certos peixes, como salmão e truta, e no óleo de canola não refinado.

A deficiência em Ômega 3 está correlacionada como fator causal de doenças cardíacas, câncer, diminuição das defesas imunológicas etc. Essas gorduras devem estar presentes na nossa dieta para a manutenção da saúde perfeita.

Tipos de ácidos graxos essenciais

Algumas gorduras insaturadas, consideradas essenciais para a saúde, são portanto conhecidas como ácidos graxos essenciais.

São importantes componentes das membranas celulares. Essas membranas permitem a entrada dos nutrientes nas células e a saída de toxinas delas, além de manterem receptores hormonais.

Esses ácidos graxos essenciais podem ser convertidos em prostaglandinas, que são substâncias com ação semelhante aos hormônios.

Como já foi dito, o equilíbrio desses ácidos graxos é fundamental na saúde. O nome desses ácidos são: *ácido linoléico (LA)* ou *Ômega 6* e *ácido alfa linolênico* (*LNA*) ou *Ômega 3*.

Ômega 6 é convertido em prostaglandina E1 (que tem ação pró-inflamatória), podendo causar mudanças na coagulação do sangue, no nível sangüíneo do colesterol, em alergias, na pressão arterial, na atividade hormonal em neurologia e imunologia.

Deficiências de LA (Ômega 6)

LA - sintomas de deficiência (W6)

- Eczema (erupções na pele)
- Queda de cabelo
- Degeneração hepática
- Distúrbio comportamental
- Degeneração renal
- Perda de água em excesso pela pele
- Suscetibilidade a infecções
- Dificuldade de cicatrização em feridas
- Esterilidade masculina
- Perda do feto durante a gestação
- Artrite
- Problemas cardíacos e circulatórios
- Retardo no crescimento

Ausência de LA na dieta é fatal

Outro ácido graxo essencial é o **ácido alfa linolênico**, que é um **Ômega 3**. Encontrado mais em peixes ou sementes de linhaça, é importante na redução do risco de doenças coronarianas. Os estudos mostram que indivíduos que consomem quantidades adequadas desse óleo apresentam menor incidência de doenças cardíacas. Tem ação importante na prevenção da arteriosclerose e dos riscos cardíacos, pois diminui a adesividade plaquetária. O Ômega 3 também diminui triglicérides, colesterol e reações inflamatórias.

Existem evidências de que a deficiência de Ômega 3 está associada a vários problemas de pele, artrite, rigidez articular, depressão, síndrome pré-menstrual, fobias, problemas prostáticos, enxaquecas.

As principais pesquisas em relação à eficiência do Ômega 3 em nível de tratamento e prevenção de doenças cardiovasculares mostram o seguinte:

1. Gorduras sangüíneas: Ômega 3 reduz com muita eficiência os triglicérides e com menor eficiência o colesterol.
2. Pesquisadores da Universidade de Oregon demonstraram, em estudo com dez pacientes que apresentavam triglicérides muito elevados, queda dos valores laboratoriais de 1.353 mg/dl para 281 mg/dl em quatro semanas depois de iniciado o tratamento. Em relação ao colesterol, a queda de valores nesse período foi de 373 para 207.
3. Coagulabilidade do sangue: esse é o maior benefício em nível cardiovascular, a melhora de coagulabilidade e fluxo sangüíneo. Aceita-se que uma coagulação anormal do sangue é condição importante no processo de obstrução arterial, podendo levar a infartos e derrames. Os Ômega 3 reduzem a produção de substâncias muito lesivas, conhecidas como tromboxano A2, que estimula a coagulação anormal do sangue, aumentando os riscos já mencionados.

Por muitos anos, pacientes cardíacos e a população em geral usam uma aspirina (ou menos) por dia para melhorar a viscosidade sangüínea. A aspirina age como Ômega 3, reduzindo o tromboxano A2, mas também bloqueia a produção de prostaglandina I3, que é benéfica.

4. Fluxo sangüíneo: o Ômega 3 reduz a viscosidade do sangue, permitindo melhor fluxo de sangue, mais livre e com menor tendência de formar coágulos indutores de obstruções.

Deficiências de LNA (Ômega 3)

LNA - Sintomas de deficiência (W3)

- Retardo no crescimento
- Fraqueza
- Distúrbio visual e no aprendizado
- Incoordenação motora
- Formigamento e tremores nos braços e pernas
- Mudança comportamental
- Triglicérides ⇑
- PA ⇑
- Agressão plaquetária
- Inflamação
- Edema
- Pele seca
- Deterioração mental
- Taxa metabólica ⇑
- Disfunção imunológica

Ácidos graxos TRANS

Em sua configuração espacial tridimensional, um ácido graxo em condições normais está na forma cis. Quando um óleo é altamente processado, hidrogenado com aquecimento e catálise, ele é convertido a outra configuração especial, chamada TRANS. Nessa forma, ele não participa do metabolismo normal dos ácidos graxos, perde propriedades terapêuticas, tornando-se lesivo à saúde, induzindo a geração de radicais livres, doenças cardiovasculares e câncer.

Óleos que foram transformados em margarina contêm significantes quantidades de ácidos graxos TRANS, apesar de a indústria do alimento processado ter feito recentemente muitos esforços para reduzir os ácidos graxos TRANS contidos nas margarinas. Muito do alimento processado contém esses óleos parcialmente hidrogenados, e atualmente isso faz parte da dieta do mundo moderno.

Causas e deficiências de ácidos graxos essenciais

As dramáticas mudanças dos hábitos alimentares, da agricultura, do processamento dos alimentos e dos métodos de preparo do alimento nos últimos cem anos causaram alterações sem precedentes na nossa nutrição. Isso, como conseqüência, acabou gerando o aumento de doenças degenerativas, principalmente nas sociedades mais desenvolvidas.

As mudanças mais importantes que causaram deficiência dos ácidos graxos essenciais são:

- Mudanças na tecnologia de extração, causando rancidificação e eliminação dos ácidos graxos essenciais.
- Eliminação dos alimentos ricos em Ômega 3, por causa da sua curta duração de vida útil causada pelos métodos de acondicionamento e impossibilidade de durarem longo tempo nas prateleiras.
- Alimentação de animais como gado, frango e peixe com rações, que são deficientes em Ômega 3 e Ômega 6.
- Aumento do uso de produtos farmacêuticos, como a aspirina, que bloqueia enzima específica conversora de ácidos graxos essenciais em prostaglandinas.
- Aumento do consumo de álcool, cafeína, carboidratos, refinados e açúcar, os quais espoliam os ácidos graxos essenciais e as prostaglandinas. Álcool e cafeína bloqueiam a conversão de ácidos graxos essenciais em prostaglandinas.
- Aumento da ingestão de alimentos com substâncias químicas tóxicas, que espoliam ácidos graxos essenciais.

• Consumo excessivo de Ômega 6, o que interfere na absorção do Ômega 3. Há cem anos se consumia Ômega 3 em proporção igual a Ômega 6, ou seja, de 1 para 1; hoje são consumidos na proporção 1 para 20.

• Diminuição da amamentação no seio materno; e nos casos das mães deficientes de ingestão de Ômega 3 na dieta. Fórmulas comerciais para crianças ou leite de vaca comercial são deficientes em Ômega 3.

• Consumo excessivo de ácidos graxos TRANS e gorduras hidrogenadas. Os produtos, para ter duração prolongada em prateleiras, precisam usar óleos refinados e hidrogenados, os quais são ricos em ácidos graxos TRANS.

Entenda os rótulos dos óleos

Muitas vezes não estamos cientes dos processos destrutivos a que pode estar sujeito um óleo, antes de ser consumido.

Por convenção os rótulos dos óleos muitas vezes deixam de informar pontos importantes e relevantes para a saúde. Na compra de um óleo, é preciso verificar se ele é não refinado, pois o refinado retira os ácidos graxos essenciais e torna-se lesivo à saúde. Caso não contenha as palavras *virgem* ou *extravirgem*, o óleo é refinado, perdendo todas as virtudes de um óleo virgem para a saúde.

Quanto ao conteúdo e equilíbrio

Um bom produto contém ao menos 25 gramas de Ômega 6 (LA) por 100 gramas (33% ou mais de LA é a recomendação). A concentração de LNA ou Ômega 3 deve ser 1/5 a – de LA. O equilíbrio entre W3 e W6 deve ser de 5 para 1 ou no mínimo de 2 para 1 para longo tempo de uso. Não deve conter ácidos graxos TRANS ou, se contiver, em pequena quantidade.

Exposição à luz

Os óleos em garrafas transparentes estão expostos à destruição pela luz com maior freqüência.

Temperatura da prensagem

Deve estar contida no rótulo a mais alta temperatura usada no processo de prensagem, para que se possa escolher o que usou a temperatura menos alta e menos agressiva à alteração do óleo.

Data da prensagem

Deve estar no rótulo, sendo portanto um meio para determinarmos se o produto é fresco ou se já está envelhecido além do aceitável. Esses óleos resistem de três a doze meses quando lacrados. Uma vez abertos, sua duração útil é de três semanas a três meses.

Forma de prensagem

O rótulo deve conter as palavras **mecânica** ou **extração química**. O óleo prensado de forma mecânica não apresenta solventes químicos; portanto é melhor.

Hidrogenação

Se for hidrogenado, aumentam os ácidos graxos TRANS, que são indesejáveis para a saúde.

Orgânico ou não-orgânico

No caso do orgânico, teremos menos pesticidas, pois a ausência completa é praticamente impossível, já que a maioria dos pesticidas é solúvel em óleo.

Propriedades e uso de cada óleo

Os melhores óleos não são refinados e processados, usandose solventes. Devem ser acondicionados em recipientes opacos, protegidos da luz, do oxigênio e do calor. Devem ser consumidos o mais fresco possível, observando-se a data de validade.

1. Os melhores óleos

Óleo de linhaça

É o mais rico possível em Ômega 3, sendo portanto altamente terapêutico. Contém também quantidade significativa de Ômega 6, caroteno e vitamina E.

Usado para a prevenção de estrias nas gestantes, apresenta propriedade de destruição de determinados tipos de células cancerosas. Segundo estudos realizados na Polônia, reduz inflamação, dores articulares e promove a queda de colesterol e triglicérides. Age equilibrando os efeitos do colesterol nas membranas celulares, evitando o endurecimento das artérias, além de melhorar processos alérgicos e depressão.

Aconselha-se o uso em cápsulas ou até duas colheres de sopa por dia. Uma medida saudável seria o uso de sementes, que devem ser colocadas em água de um dia para o outro, desprezando-se o sobrenadante. Usam-se as sementes com o material viscoso que se forma nas saladas ou no iogurte.

Óleo de abóbora

Altamente nutritivo. Tem boa combinação do Ômega 3 e Ômega 6, porém é difícil de ser encontrado. Não deve ser usado para cozimento, somente em saladas, pastas etc.

Usado para reparação do sistema digestivo, é um antiparasitário, melhora a circulação e ajuda na recuperação de desordens prostáticas. É recomendado para gestantes e mulheres lactentes pela sua alta concentração de ácidos graxos essenciais.

Óleo de soja

Quando não refinado, é excelente; porém, no mercado, a maioria já é refinado, e esse processo, no caso da soja, requer altas temperaturas e solventes tóxicos para que se consiga sua extração significativa, perdendo-se com isso muito em valor nutricional.

Quando fresco e não refinado, é uma excelente fonte de ácidos graxos essenciais, lecitina, fitosteróis. Contém fatores que inibem o desenvolvimento de determinados tumores. Estimula receptores estrogênicos, sendo excelente também na pré-menopausa e na menopausa.

Óleo de trigo (Octacosanol)

Além de rico em ácidos graxos essenciais, contém substâncias que protegem a musculatura cardíaca e contribuem para a regeneração dos nervos. Contém grande quantidade de vitamina E.

2. Bons óleos

Óleo de sésamo

Tradicional na culinária oriental e na macrobiótica. Rico em lecitina, portanto excelente para o sistema nervoso e cerebral. Utilizado para melhorar a circulação, contra o estresse e a depressão. Usado em medicina Ayurvédica, para massagem. Rico em ácidos graxos monoinsaturados e poliinsaturados, podendo ser usado como ingrediente de maionese, cobertura e pastas.

Óleo de girassol

Originado na América do Sul. Muito usado pelos incas. Rico em ácidos graxos poliinsaturados e vitamina E. É utilizado para ajudar o sistema endócrino e nervoso, além de reduzir o colesterol.

Óleo de arroz

Rico em ácido graxo essencial Ômega 6; na sua forma natural, não-refinado, ajuda a normalizar o colesterol. Muitas vezes é feito por empresas que procuram aproveitar melhor o material do refinamento dos grãos, no caso de arroz, milho e trigo.

Óleo de prímula

Rico em Ômega 6 (ácido gama linolênico). Tem sido usado em síndrome pré-menstrual, artrite, depressão, colite, distúrbios da pele, degeneração hepática, alcoolismo, câncer, arteriosclerose, obesidade, queda imunológica e asma. Muitos estudos confirmam seus efeitos terapêuticos, sendo comercializado pela indústria farmacêutica.

Óleo de borage

Utilizado na Idade Média para assegurar boa saúde. No período renascentista era recomendado para a cura de depressão e fortalecimento do coração. Rico em Ômega 6.

Óleo black currant

Contém tanto Ômega 3 como Ômega 6. A maioria dos óleos disponíveis são extraídos com solventes e refinados, portanto de questionável valor terapêutico.

Óleo de canola

É um dos mais nutritivos e balanceados, pois contém os ácidos graxos Ômega 3, Ômega 6 e Ômega 9, além das vitaminas K, E, clorofila e betacaroteno. Usado terapeuticamente para proteger a parede das artérias contra a formação de coágulos e trombos, o óleo de canola é delicado, de coloração dourada, excelente em saladas, vegetais crus, batatas ou junto com queijo *cottage*. Não é aconselhável usá-lo para cozimentos em altas temperaturas.

Óleo de oliva

A oliva tem sido usada há centenas de anos na Grécia, na França e na cozinha italiana, proporcionando o sabor da culinária do Mediterrâneo. Excelente no molho de salada e espalhado nos alimentos. É usado de forma terapêutica para a nutrição do fígado e da vesícula, e recomendado para diabéticos. É um óleo rico em ácidos graxos monoinsaturados, e por isso tem grande estabilidade, sendo útil na redução do colesterol. É usado topicamente em queimaduras, eczemas e psoríase.

É fácil de ser processado, não requerendo equipamentos de alta pressão. Contém fitosterol, clorofila, magnésio, vitamina E e betacaroteno.

Deve-se preferir sempre os óleos "virgem" ou "extravirgem" e, sempre que possível, os processados a frio.

De acordo com a mitologia grega, Poseidon e Athena estavam lutando na mais bela região da Grécia. Para evitar o conflito, ficou decidido que os humanos deveriam escolher um protetor para ambos. Poseidon, para vencer, produziu um cavalo maravilhoso. Athena deu uma árvore de oliva ao povo. Ela venceu, e Atenas foi construída em sua homenagem.

Óleo de milho

Devido à baixa concentração de óleo no milho, são necessárias altas temperaturas e solventes tóxicos para sua eficiente extração. Isso produz transformações nas propriedades desse óleo, o que o torna lesivo para a saúde.

Óleo de algodão

Há pouco algodão "orgânico", pois a maioria apresenta muita quantidade de pesticidas, o que o torna desaconselhável para consumo.

3. Óleos que podem ser aquecidos

Manteiga

É estável na presença de luz, calor e oxigênio, porém pobre em ácidos graxos essenciais; portanto, não deve ser considerada fonte desses nutrientes. Nada se compara ao gosto da manteiga.

Se usada com moderação, o colesterol contido na manteiga não será problema, desde que haja na dieta quantidade suficiente de ácidos graxos essenciais.

Assim como o óleo de coco e de dendê, é eficiente para as frituras, pois contém pequena quantidade de ácidos graxos essenciais. Os ácidos graxos saturados contidos nesses óleos são inertes e, então, estáveis ao aquecimento. O calor não os destrói do mesmo modo que destrói os ácidos graxos essenciais que se transformam em veneno para o nosso organismo, interferindo na função dos ácidos graxos essenciais.

Óleo de coco

Não contém Ômega 3 nem Ômega 6 em níveis consideráveis. É composto de 90% de triglicérides de cadeia média. Excelente para o cozimento pelas suas propriedades de resistência ao calor. Sua gordura é facilmente digerida e metabolizada, não causando ganho de peso.

4. Métodos de cozimento

Não se recomenda a fritura, pois, com a alta temperatura requerida, há destruição das propriedades do óleo e também a criação de compostos venenosos e ácidos graxos tóxicos.

No caso de ter que usar algum óleo, dê preferência na ordem decrescente: manteiga, oliva e óleo de sésamo.

Os outros óleos são mais delicados e se tornam tóxicos mais facilmente.

Todos querem viver muito, mas ninguém quer ficar velho.
Benjamin Franklin

Aminoácidos, os "Remédios" Naturais do Nosso Corpo

Os aminoácidos são responsáveis pelo crescimento, pela manutenção e pelo reparo do nosso organismo e pela manutenção do equilíbrio básico, além de serem fonte de energia.

O sistema nervoso é dependente de aminoácidos, pois eles agem como neurotransmissores, melhorando a função mental e o humor.

O uso de apenas um aminoácido tem importante impacto no fortalecimento do nosso organismo contra doenças. As pesquisas têm demonstrado que determinados aminoácidos podem produzir efeitos farmacológicos específicos no nosso corpo e o entendimento desses efeitos pode ser de grande valia numa terapêutica nutricional.

Os aminoácidos são substâncias que atendem a necessidades fisiológicas básicas e não podem ser sintetizados pelo organismo, devendo imperativamente ser recebidos pela alimentação ou na forma de suplementação alimentar.

As proteínas são formadas por aminoácidos que recebemos na dieta, os *aminoácidos essenciais*, que se transformam em matéria para os *aminoácidos não-essenciais*. Podem ser sintetizados pelo organismo e determinar o aparecimento de manifestações patológicas, no caso das carências.

Tanto os essenciais como os não-essenciais apresentam propriedades terapêuticas, seja por suprir sua necessidade no caso de carência, seja para se beneficiar de suas propriedades particulares. Sua suplementação precisa ser bem controlada, pois, se for realizada de forma incorreta, poderá promover alteração das concentrações de outros aminoácidos. O estudo dos aminoácidos mostra que eles são relevantes para todas as doenças porque o corpo normalmente utiliza aminoácidos para atacar as doenças e promover saúde.

Aminoácidos essenciais

Metionina, cisteína, cistina, fenilalanina, tirosina, triptofano, arginina, histidina, valina, leucina, lisina, isoleucina e treonina.

Aminoácidos não-essenciais

Alanina, serina, ácido aspártico, asparagina, ácido glutamínico, glutamina, prolina e hidroxiprolina.

Como a nossa alimentação moderna é muito rica em proteína, a suplementação pode causar uma sobrecarga funcional renal e hepática, o que pode ser perigoso sem acompanhamento médico. Outro risco é o uso sem critério desses aminoácidos, causando sérios desequilíbrios bioquímicos e imunológicos.

Normalmente, os aminoácidos suplementados a seres humanos devem sempre ser na forma L, ou melhor, devem ter a letra L antes do nome do aminoácido. Essa letra significa a rotação da molécula de acordo com incidência da luz polarizada nela e significa rotação para a esquerda (L = *left*). As formas D só devem ser usadas no caso da DL-fenilalanina e DL-metionina.

Vamos abordar os principais aminoácidos de maior interesse para o uso terapêutico.

Fenilalanina essencial

É vital na formação de diversos elementos: tirosina, norepinefrina, melanina e hormônio tireoidiano.

Como precursor da tirosina (outro aminoácido) se desdobra em um neurotransmissor que conduz a um impulso nervoso, que é a norepinefrina, ou é metabolizado em melanina, um pigmento da pele. Quando a tirosina se associa ao iodo, produz o hormônio tireoidiano.

Quando a tirosina é associada à vitamina B_6, tem ação antidepressiva, elevando o humor por ação no sistema nervoso central.

Uma anomalia metabólica na transformação desse aminoácido conduz a uma patologia muito grave, que é a fenilcetonúria, um sério problema genético, causando aumento de excreção urinária da fenilalanina. O defeito bioquímico é a ausência de uma enzima hepática fenilalanina hidroxilase, causando rebaixamento de QI.

A fenilalanina apresenta resultado terapêutico em duas formas: DL-fenilalanina (DLPA) e L-fenilalanina.

A DL-fenilalanina consiste em um potente analgésico e antidepressivo, com efeito de endorfina para os artríticos. Melhora a memória e atenua os sintomas da Doença de Parkinson. É contra-indicado na hipertensão, gravidez e diabetes.

A L-fenilalanina é usada na depressão, sendo contra-indicada em indivíduos com fenilcetonúria, gravidez, melanomas, hipertensão ou que estejam usando inibidores da MAO* (monoaminoamina oxidase), enzima que degrada os neurotransmissores do cérebro.

L-Lisina essencial

É um dos aminoácidos mais solicitados em situação de estresse, primordial na fase de crescimento e na regeneração dos tecidos, sendo matéria-prima para a formação de colágeno, hormônio e enzimas. É importante na reparação tecidual, no desenvolvimento muscular e na cicatrização do pós-operatório.

No tratamento da herpes é a melhor terapêutica. Na osteoporose melhora a absorção do cálcio pelos ossos, evitando sua excreção urinária.

É o precursor da L-carnitine (outro aminoácido), que ajuda a diminuir triglicérides e colesterol.

---

* MAO degrada e diminui o nível de dopamina no cérebro. Dopamina é um neurotransmissor que promove sensação de bem-estar. É fundamental na coordenação motora fina, motivação, regulação de insulina, energia física, boa função imunológica etc.

Há evidências de que a L-lisina participe da adequada integridade das artérias, evitando a arteriosclerose.

Melhora a qualidade da pele, atenuando as rugas.

O excesso de arginina e ornitina promove depressão de lisina no cérebro. O metabolismo da lisina é dependente de muitos nutrientes, inclusive niacina, vitaminas B_6, B_2 e C, ácido glutâmico e ferro.

Metionina essencial

Age como antioxidante e desativador de radicais livres pela produção de glutationa (enzima antioxidante).

Tem atividade desintoxicante no organismo humano e participa do ciclo de formação de substâncias primordiais, como a L-cisteína, L-taurina, e é transportador de selênio.

É a maior fonte de enxofre orgânico para a manutenção da saudável atividade hepática, linfática e do sistema imunológico.

A metionina é útil no tratamento da doença de Parkinson porque pode estimular a produção de Dopa; sua suplementação pode ajudar pacientes com dependência de heroína, pois estes indivíduos apresentam alto grau de histamina, e a metionina promove diminuição do nível sangüíneo de histamina, aumentando sua degradação.

Produz estimulantes cerebrais e é efetiva na terapia de depressão, sendo inclusive mais eficiente que os inibidores da MAO. É um quelante (substância que tem facilidade de se ligar a um metal tóxico e promover a sua eliminação) natural de metais pesados tóxicos. Protege o fígado contra o acúmulo de gordura e evita produção de auto-anticorpos.

Sua deficiência provoca a queda de cabelos, edemas de membros inferiores e suscetibilidade a infecções e arteriosclerose prematura.

Para melhora do seu funcionamento, a metionina precisa dos seguintes co-fatores: vitamina B_6, vitamina C, vitamina B_{12}, folatos. Associada à colina e ao inositol, produz melhores resultados.

Um dos seus derivados é a homocisteína.

Triptofano essencial

Precursor do neurotransmissor serotonina, com profundo efeito no funcionamento cerebral, humoral e na regulação metabólica. Sua suplementação aumenta a concentração de serotonina no cérebro, promovendo alívio da depressão e insônia.

Recentes medicações para depressão, como o Zoloft e Prozac, simplesmente imitam o que esse aminoácido faz – aumentar a concentração de serotonina cerebral –, porém podem apresentar efeitos colaterais levando até o suicídio, fato que não ocorre com o aminoácido.

É um tranqüilizante natural, usado em pessoas com comportamento agressivo, enxaquecas e esquizofrênicos. Diminui a fome compulsiva e a dependência do cigarro e alcoolismo.

O triptofano é precursor da vitamina B_3, elemento-chave em muitos processos metabólicos, e tem como co-fatores as vitaminas B_3 e B_6.

Em 1989, o triptofano foi banido do mercado americano pelo fato de a matéria-prima ter sido contaminada na sua origem (Japão), causando a síndrome de mialgia eosinofílica. Essa doença se caracteriza por alteração de números de glóbulos brancos, distúrbios respiratórios, transpiração, cansaço, dores musculares, podendo levar à morte. Atualmente está liberado pelo FDA, porém só com prescrição médica.

Contra-indicação: não deve ser usado em associação com inibidores da MAO (monoamina oxidase).

L-Arginina semi-essencial

É um importante estimulador do hormônio do crescimento e do sistema imunológico na glândula pituitária e no fígado. Promove uma mais rápida recuperação de traumas, queimaduras e cirurgia. Aumenta a libido, motilidade dos espermatozóides e massa muscular em atletas. Reduz a formação de tumores por neutralizar produtos químicos carcinogênicos.

É precursora do óxido nítrico, potente relaxante da musculatura das artérias, o que permite uma maior irrigação tecidual pela dilatação arterial que induz. Por isso é muito útil nas doenças cardiovasculares e na hipertensão.

Os dinitratos são usados nas anginas do coração simplesmente pelo fato de liberarem quantidades significativas de óxido nítrico. Na asma também pode ser útil, pelo efeito do óxido nítrico, que promove o relaxamento da musculatura bronquial, melhorando o fluxo aéreo.

Nos indivíduos que têm herpes, a suplementação de L-arginina deve sempre estar associada à L-lisina para não promover desequilíbrio imunológico, podendo induzir o aparecimento de novos episódios herpéticos. O uso excessivo de queijos, pasta de amendoim e chocolate também pode induzir episódios herpéticos por serem alimentos ricos em L-arginina. Co-fatores: manganês, magnésio, vitamina B_6 e zinco.

L-Carnitine não-essencial

Participa da metabolização das gorduras através de estimulação enzimática, promovendo uma aceleração da oxidação das gorduras, o que ajuda nos processos de emagrecimento e diminuição dos triglicérides sangüíneos. Aumenta o uso das gorduras como fonte de energia. Quanto mais carnitina disponível, mais rápido a gordura é transportada e oxidada, gerando energia, que é armazenada como ATP. Normalmente a gordura é oxidada na mitocôndria, e a carnitina é essencial para a entrada da gordura nela.

Tem concentração elevada na musculatura, especialmente a cardíaca, porém, nos indivíduos com arteriosclerose, sua concentração é pequena nas células cardíacas, sendo então de grande valia a sua suplementação para melhorar a energia da musculatura cardíaca e aliviar sintomas de angina pectoris (dores produzidas por má oxigenação no coração).

Nessas situações de má oxigenação, há um aumento da produção de ácido láctico, em decorrência de utilização normal da glicose com pouco oxigênio. Como a L-carnitine oxida mais as gorduras, ela diminui a dependência do músculo em relação à glicose, havendo alívio da dor.

É produzida a partir de outros aminoácidos, a L-lisina e a metionina, e tem como co-fatores as vitaminas C, B_6 e niacina.

L-Glutamina não-essencial

A L-glutamina é o principal e mais abundante aminoácido presente no tubo gastrintestinal. É fundamental na recuperação de gastrites, úlceras gástricas, distúrbios de ecologia intestinal e diarréia.

Sua suplementação melhora a memória, a concentração e alerta. Converte glicose em fonte energética cerebral. Em casos de senilidade, crises epilépticas e esquizofrenia, melhora a *performance* mental. Reduz o desejo por álcool e açúcar, tendo ação também contra a toxicidade do álcool. Aumenta a libido, reduz a depressão e a fadiga. Melhora a recuperação de cirurgias, traumas e feridas. É a matéria-prima para a formação de glutationa, uma importante enzima antioxidante. Seus co-fatores são vitamina B_6, magnésio e folatos.

Cisteína não-essencial

Age com as vitaminas C, E e selênio como um potente antioxidante contra a toxicidade gerada por radiação, agentes químicos carcinogênicos e danos gerados por radicais livres na pele, artérias e sistema respiratório.

Fundamental para a vitalidade de cabelos, pele e unhas. Trabalhos científicos mostram que a cisteína, administrada via oral, é incorporada ao folículo piloso, na sua fase anagênica da formação do cabelo, e incorporada à matriz e ao leito ungueal (nas unhas). Estimula a atividade dos glóbulos brancos, melhorando a atividade de defesa imunológica. Protege o cérebro e o corpo contra os efeitos deletérios do tabaco e do álcool. É eficiente na prevenção de excessos por bebida alcoólica. Alivia bronquite asmática, processos gripais com expectoração abundante, facilitando sua eliminação.

Co-fatores: vitaminas B_6, C, B_{12}, magnésio e folato.

L-Taurina não-essencial

A cisteína e a metionina compreendem os chamados aminoácidos do grupo sulfidril e por isso têm alta eficiência antioxidante.

Age como um neurotransmissor no sistema nervoso, com ação antioxidante em epilepsia. Normaliza a relação sódio e potássio na célula, melhorando o batimento cardíaco em casos de insuficiência cardíaca congestiva, arritmias e palpitações. Melhora a solubilidade da bile, evitando a formação de cálculos vesiculares. Presente também em grandes quantidades na retina dos olhos. Protege as células oculares contra os efeitos danosos da radiação ultravioleta e degeneração retinal.

Co-fatores: vitaminas B_6, B_{12}, magnésio e zinco.

TIROSINA NÃO-ESSENCIAL

Sua precursora é a fenilalanina.

Importante na produção do hormônio tireoidiano, da adrenalina e da melanina. É também transformada em Levo-Dopa, substância bem conhecida na neurologia, promovendo melhor funcionamento cerebral nas depressões de origem mental e no controle das emoções patológicas.

É o elemento básico na produção de melanina, pigmento que promove a defesa fisiológica contra a radiação ultravioleta, protegendo a pele e pigmentando o cabelo.

Contra-indicações: não deve ser usada em terapêutica com inibidores da MAO (monoamina oxidase), ou na prevenção de tumores ou melanomas.

Têm sido descritos benefícios no tratamento de depressões, inclusive com três estudos em animais e humanos, da sua eficiência contra a diminuição de *performance* induzido por estresse.

A síntese de melanina ocorre nos melanócitos da pele e envolve a oxidação da tirosina, via L-DOPA, em quinonas que, polimerizadas, aumentam a concentração de melanina. Esse mecanismo complexo só foi entendido nos últimos anos, graças aos estudos de Gilchrest, um dos colaboradores.

Nas condições de excesso de radiação ultravioleta, há ativação da enzima tirosinase, viabilizando a tirosina, que, como conseqüência, aumenta a produção de melanina. Portanto, a tirosina promove aumento da proteção contra os efeitos deletérios da radiação ultravioleta e aumenta a velocidade de bronzeamento da pele.

Há casos específicos onde não deve ser utilizada:

- com inibidores da MAO (risco de hipertensão);
- com L-DOPA (redução da eficiência).

Não devem receber suplementação a mulher em gestação e lactação e crianças.

Co-fatores: vitaminas C, B_6, magnésio, manganês e cobre.

GABA (ÁCIDO GAMA AMINOBUTÍRICO) NÃO-ESSENCIAL

Apresenta excelentes resultados nos tratamentos de disfunções cerebrais e nervosas, tais como: ansiedade, depressão, extrema tensão nervosa, insônia, hipertensão, esquizofrenia, doença de Parkinson e doença de Alzheimer. Age como um tranqüilizante sem risco de dependência. Quando usado em associação com glutamina e tirosina, é eficiente para o controle do abuso do álcool e de drogas. Associado à vitamina B_6, age como relaxante.

Primeiro use a palavra...
Depois use a planta
Depois a droga
Então o bisturi!
Hipócrates

Fitoterápicos

Fitoterápicos são a forma primária de terapia para 80% da população mundial, de acordo com a Organização Mundial de Saúde. Na Europa, os fitoterápicos são mais populares do que as drogas químicas, em especial na Alemanha, onde o alho superou as vendas em relação à aspirina no tratamento do colesterol.

Os produtos herbários apresentam centenas de compostos químicos ativos, chamados fitoquímicos. Esses componentes protegem as plantas contra agressões ambientais: raios ultravioleta, oxigênio, insetos e fungos. Estudos recentes têm mostrado muitos benefícios das plantas para a saúde devido aos seus conteúdos fitoquímicos.

Muitos dos benefícios protetores e curadores dos fitoquímicos podem ser assimilados por nós quando ingerimos certas plantas e ervas.

A falta de resultado para certos problemas médicos tem aumentado a popularidade dos fitoterápicos, fazendo com que a ciência e a tecnologia modernas sejam cada vez mais aplicadas nos estudos da farmacopéia das plantas, desde o surgimento da ciência nutracéltica. Grandes quantidades de informações têm validado antigos remédios populares. Numerosos experimentos científicos têm conseguido identificar e purificar muitos dos componentes únicos de várias plantas. A ciência vem encontrando meios de purificar e concentrar determinadas plantas, com compostos específicos.

Dessa tecnologia se padronizam as preparações fitoterápicas, com quantidades de um único componente, para assegurar a correta espécie de planta e sua adequada potência para ser usada. Ou seja: assegura-se o conhecimento do que é o produto, qual a sua potência e qual a quantidade correta para consumo. Garante-se ainda a ausência de contaminantes, como por exemplo pesticidas, herbicidas etc.

Cat's Claw (Uncaria tomentosa)

Cresce nas florestas tropicais dos Andes, na América do Sul, especialmente no Peru. Usada para tratar inflamações, reumatismo, úlcera gástrica e tumores. Seu princípio ativo é o alcalóide oxyindole, que estimula particularmente o sistema imune, e os glicosídeos, que promovem ação antiinflamatória e antioxidante a essa planta.

Tem se tornado muito popular nos Estados Unidos, para tratar câncer e HIV, porém com pouca literatura científica suportando o seu uso nestas condições. É contra-indicada em doenças auto-imunes, múltiplo esclerose e tuberculose. Os médicos europeus evitam associá-la com drogas químicas, hormônios, insulina ou vacinas.

Até que se prove o contrário, deve ser evitada por gestantes e mulheres lactentes.

Bilberry (Vaccinium myrtillus)

Cresce na Europa, no Canadá e nos Estados Unidos. Contém complexos bioflavanóides chamados antocianosides (similar a proantocianidinas), que tem potentes propriedades antioxidantes. Promove o fortalecimento e melhora o fluxo dos capilares (artérias pequenas) e venolas (pequenas veias).

Melhora a visão e a adaptação ao escuro agindo nos microcapilares, o que é importante para a retina. Usado para diabetes com distúrbios visuais e em indivíduos com deterioração visual, tão comum na idade avançada, com catarata e degeneração macular (perda visual).

Pesquisas modernas sobre o *Bilberry* são, em parte, baseadas no fato de que os pilotos britânicos de caça durante a Segunda

Guerra Mundial, depois de utilizarem a planta, melhoravam a acuidade visual nos vôos noturnos.

Não há efeitos colaterais descritos, não interfere com outros remédios e não se conhece contra-indicação para gestantes ou lactação.

Principais usos:

Oftalmologia: miopia, distúrbios de retina, adaptação ao escuro, retinite pigmentosa, catarata induzida por diabetes, diminuição de acuidade visual.

Angiologia: varizes, flebite, fragilidade capilar, hermonagias.

Echinacea (Echinacea purpurea)

Echinacea era um remédio usado pelos índios americanos para cicatrização de feridas, infecções e picadas de inseto e de cobra. Hoje é a medicação mais comumente usada na Europa para gripe, resfriados e infecções. É rica em polissacarídeos e fitosteróis, que estimulam o sistema imune celular para destruir bactérias, vírus e fungos através de um aumento da atividade dos glóbulos brancos e do incremento na produção de interferon (um imunoestimulante produzido pelo nosso corpo).

Pesquisas recentes têm mostrado que a *Echinacea*, que apresenta potente ação antitumoral, associada à sua ação estimulante imunológica, tem ajudado na destruição de células cancerosas. Não se conhece toxicidade e seus efeitos colaterais são raros. Indivíduos com problemas renais devem restringir o uso por dez dias, no máximo, para evitar possíveis desequilíbrios na eliminação de certos minerais.

Usada normalmente para:

- melhora do sistema imunológico contra gripe e resfriado;
- inflamação, analgesia, sedativo e infecções em geral;
- edema e retenção de líquidos;
- antiviral;
- picadas de cobras e insetos;
- estimulante de córtex adrenal, aumentando liberação de cortisol.

GINKGO BILOBA (GINKGO BILOBA)

Ginkgo biloba é a mais antiga espécie de árvore existente no planeta, tendo sobrevivido por 200 milhões de anos; essas árvores, individualmente, vivem cerca de mil anos. São originárias da China e dos Estados Unidos.

Há evidências de uso com intuito medicinal há cerca de 5 mil anos. Recomendada para melhorar a memória de idosos e problemas respiratórios. É o fitoterápico mais prescrito na Europa, com mais de 10 milhões de prescrições anuais, para diversas condições, sendo a maioria por problemas circulatórios.

O principal componente ativo da *ginkgo* são os flavoglicosídeos: *kaempferol*, quercitina, *isohamnetin* e *proanto cianidinas*. Esses componentes têm propriedades antioxidantes e antiradicais livres que promovem diminuição de processo inflamatório e redução da agregação plaquetária.

Ginkgo biloba é especialmente benéfica nos casos de diminuição de fluxo sangüíneo cerebral, uma condição freqüente no envelhecimento. Vários estudos têm demonstrado significativa melhora nos sintomas de memória e dificuldade de concentração, confusão mental, falta de energia, zumbido nos ouvidos e dor de cabeça.

Por causa do seu benefício na circulação, é muito útil em doenças vasculares periféricas como claudicação intermitente, aumentando o tempo de caminhada sem dores pela melhora do fluxo sangüíneo nas extremidades.

Procure sempre o produto padronizado em 50 para 1, com 24% de extrato de *ginkgo* flavoglisídeo e 6% de *terpene lactona*.

Não há toxicidade descrita, podendo em raros casos apresentar desconforto abdominal e dor de cabeça.

Usada normalmente para:

- insuficiência vascular cerebral, tonturas, dores de cabeça, zumbido nos ouvidos;
- melhora da *performance* mental, concentração e memória;
- isquemia, hipoxia;
- impotência e disfunções eréteis;
- asma e alergia;
- inflamações.

GINSENG (*PANAX GINSENG*)

Ginseng é um adaptogênico, ou seja, um elemento que tem condições de neutralizar os efeitos agressores ambientais, físicos e mentais, adaptando-nos melhor a essas circunstâncias. Como todos nós vivemos em situação de estresse hoje em dia, ele é importantíssimo. É uma das mais antigas plantas do nosso planeta, com 150 milhões de anos de idade, tendo sobrevivido à época glacial. O segredo de o ginseng ser tão resistente às mudanças ambientais extremas são os ginsenosides, seu princípio ativo.

Há mais de mil estudos clínicos demonstrando os benefícios do ginseng, aumentando energia e resistência.

As formas mais comuns de ginseng são o coreano ou ginseng chinês (*Panax ginseng*), o ginseng siberiano e o ginseng americano (*Panax quinquefolium*).

Tem ação como:

- adaptogênico, tônico geral, restaurador do vigor;
- antiestresse, antifadiga;
- aumento de resistência a infecções;
- aumento da capacidade mental e física;
- antioxidante;
- regulador das glândulas adrenais, prevenindo exaustão;
- protetor contra radiações.

KAWA-KAWA (*PIPER METHYSTICUM*)

É um ansiolítico natural, usado por centenas de anos pelos povos do Pacífico Sul. Promove sensação de bem-estar, aumenta a acuidade mental e a memória. Tem sido usado tradicionalmente no tratamento da dor.

Kawa provém da planta *piper methysticum*, e seu princípio ativo são as *Kawalactonas* (ou *kawapironas*); os extratos medicinais apresentam de 30% a 70% de *kawa-lactoma*. Promove a sensação de tranqüilidade e sociabilidade, acalmando o temperamento. Estudos em animais têm mostrado que age como sedativo, analgésico, anticonvulsivante, relaxante muscular e indutor do sono.

Tem ação cumulativa, sendo que seu efeito é sentido cada vez mais no transcorrer do tempo. Influencia o sistema límbico, parte do cérebro associada com as emoções e outras atividades cerebrais.

Pode promover em altas doses desconforto gastrintestinal. O longo tempo de uso em altas doses pode tornar a pele amarelada temporariamente. Descontinuando o uso, há remissão do quadro. Em raros casos pode causar alergias na pele. Não é recomendada para gestantes ou lactantes, não é aconselhável usá-la junto com outras drogas que agem no sistema nervoso central, como álcool, barbitúricos, antidepressivos ou drogas antipsicóticas.

Usada normalmente para ansiedade, dores de cabeça e como indutor do sono.

Silymarin (Silybum marianum)

Silymarin provém da planta *milk thistle*, e é usado desde a Antiguidade por seu valor nutricional e suas propriedades medicinais. Na Idade Média, suas sementes eram usadas para tratar doenças hepáticas, para promover melhora do fluxo da bile e como tônico para o estômago, vesícula, pâncreas e fígado. *Milk thistle* contém três potentes flavanóides protetores hepáticos: *silibin*, *silidianin* e *silychristin*, conhecidos coletivamente como *silymarin*.

Numerosos estudos clínicos têm mostrado que o *silymarin* protege o fígado contra os efeitos de grande variedade de toxinas, metais pesados, venenos e produtos químicos, como o tetracloreto de carbono e doses excessivas de acetaminofen. Age como um antioxidante, protegendo as células hepáticas contra os radicais livres, estimula o fígado a produzir SOD (a enzima superóxido dismutase), outro antioxidante de radicais livres. Previne a depleção e aumenta a produção de glutationa (GSH) no fígado, substância importante na conjugação e excreção de substâncias químicas tóxicas.

Seu mecanismo de ação é por alteração das membranas das células hepáticas, inibindo a passagem de toxinas e aumentando a regeneração celular pela estimulação da síntese protéica.

Usado em doenças hepáticas, hepatites agudas e crônicas.

Tem ação na:

- degeneração gordurosa do fígado;
- icterícia;
- psoríase;
- menstruação difícil;
- veias varicosas;
- colagogo (estimulante da vesícula biliar).

Guaraná (Paullinia cupania)

Do guaraná, semente originária da Floresta Amazônica, é feita uma bebida rica em cafeína. É um estimulante natural devido a seu conteúdo em xantinas. As principais são a guaranina (cafeína natural), teobromina e teofilina. Contém de duas a três vezes mais cafeína do que o chá ou café.

Usado como estimulante diurético e antidiarréico, no alívio de dores de cabeça e tensão pré-menstrual.

Não deve ser usado em excesso e deve ser evitado durante a gravidez.

Bioflavanóides

Há dezenas de bioflavanóides, sendo as mais conhecidas a rutina, a hesperedina e os extratos cítricos.

Foi definida por Albert Szent-Gyorgyi como vitamina P.

Tem atividade antioxidante, potencializa a ação da vitamina C.

Fortalece a integridade dos vasos sangüíneos e protege os tecidos contra os efeitos de radiação.

Saw Palmetto (Sereneo repens)

É uma pequena palmeira com folhas largas e produz frutos vermelho-escuros (*berries*). Era usada pelos índios como tônico e em tratamento geniturinário.

Recentes estudos têm mostrado sua eficiência no tratamento da hiperplasia benigna prostática. Seus frutos contêm ácidos graxos e fitosteróis que inibem a conversão da testosterona em D hidrotestosterona (DHT), considerado o responsável pelo aumento prostático. É muito comum nos homens o aumento prostático benigno, causando dificuldade de iniciar a micção, fluxo diminuído, aumento da freqüência de micção, inclusive noturna.

O *saw palmetto* melhora esses sintomas, e é usado também para:

- impotência;
- atrofia de testículos;
- infertilidade na mulher;
- aumento de lactação.

Não apresenta efeitos colaterais.

PROANTOCIANIDINA (VITIS VINIFERA)

O extrato de semente de uvas é uma bioflavanóide, também conhecido por picnogenol. É um potente antioxidante e varredor de radicais livres. Tem a propriedade de transpor a barreira hemato-encefálica, o que o torna um potente oxidante para as células cerebrais. Melhora e fortalece o sistema vascular e o tecido conectivo.

Os radicais livres agridem o sistema vascular de duas maneiras:

1ª) inativando um composto chamado L-antitripsina, cuja função é impedir que certa enzima (tripsina) degrade o colágeno, a elastina e o ácido hialurônico (componentes celulares);

2ª) oxidando os lipídios das membranas celulares. A proantocianidina protege a L-antitripsina e neutraliza radicais livres específicos que promoveriam a lipoperoxidação (oxidação dos lipídios).

O colágeno, a elastina e o ácido hialurônico regeneram a parede vascular, fortalecendo o sistema circulatório. A proantocianidina é vinte vezes mais poderosa que a vitamina E na neutralização dos radicais livres e do ferro. Associada à vitamina C, tem ação sinérgica.

Tem ação:

- como antioxidante;
- na recuperação do sistema circulatório e capilares;

- na insuficiência arterial e venosa;
- na microangiopatia de retina.

Dr. Jacques Masquelier, da Universidade de Bordeaux, tem realizado muitos estudos que endossam as indicações terapêuticas da proantocianidina.

Gotu Kola (Centella asiática)

Centella é uma variedade de *gotu kola*, que possui como princípios ativos os asiaticosídeos e outros tritempenes. É encontrada originalmente em Madagáscar e na Índia. Não contém cafeína ou outros derivados.

Os asiaticosídeos estimulam o sistema retículo endotelial, onde novos glóbulos são formados e onde ocorrem as respostas inflamatórias imunológicas.

Centella aumenta a queratinização, processo do crescimento de pele em áreas ulceradas ou escoriadas. Estimula a síntese de lípides e proteínas necessárias para uma pele saudável. Fortalece as veias, recuperando o tecido conectivo que as envolve e diminui a fragilidade capilar. Utilizada no tratamento da insuficiência venosa, úlceras, flebite, celulite e recuperação pós-operatória.

Alho (Allium sativum)

Hipócrates já mencionava seu uso para diversas condições terapêuticas, como parasitas, problemas respiratórios, indigestão e adinamia. Louis Pasteur confirmou a ação antibactericida do alho em 1858.

Seu princípio ativo são compostos de enxofre, conhecidos por *allicin*. Há mais de 250 publicações mostrando que o alho melhora o sistema cardiovascular. Pode diminuir colesterol e triglicérides no sangue, aumenta a fibrinolise, que resulta em diminuição da coagulação sangüínea. É um leve anti-hipertensivo e tem atividade antioxidante. Tem ação antibacterial, antiviral e antifúngica, inibindo também o crescimento de *Candida albicans*. Estudos mostram redução do risco de câncer de esôfago, estômago e cólon, pela sua ação redutora da formação de complexos carcinogênicos.

Algumas pessoas podem sentir queimação no estômago e gases. Por sua atividade anticoagulante deve ser orientada por profissional médico a possibilidade de usá-lo junto com medicação para essa finalidade. Evita-se usá-lo antes de cirurgia para não interferir na coagulação. Não se conhece contra-indicação para gestantes e lactantes.

Usado em arteriosclerose, hipercolesterolemia, hipertensão, trigliceridemia, imuno-estimulação e infecções por fungos.

Erva-de-são-joão (Hypericum perforatum)

Há séculos é usada como antidepressivo. Essa planta tem sido objetivo de investigação em no mínimo 25 estudos duplo cego controlado, comparada a medicações antidepressivas. Em todos os estudos, a erva-de-são-joão melhorou depressão, ansiedade, apatia e insônia. Como o Prozac, ela age no metabolismo de serotonina, alterando a química cerebral, de forma sutil, sem nenhum efeito colateral, como ocorre nas medicações farmacêuticas. Sem ação específica, é para depressões leves e moderadas.

Seu princípio ativo é *hypericin*, devendo estar na proporção 0,3% de substância ativa. Seu mecanismo de ação não é completamente entendido. Pesquisas iniciais indicam que essa planta inibe discretamente a enzima monoamina oxidase, MAO, responsável pela degradação de dois elementos químicos cerebrais: serotonina e norepinefrina. Inibindo a MAO e aumentando a norepinefrina, a erva-de-são-joão exerce sua leve ação antidepressiva.

Essa planta promove maior sensibilidade da pele ao sol, portanto pessoas de pele muito clara devem evitar exposição de intensa luz solar ou outras fontes de luz, como ultravioleta e câmara de bronzeamento, na época do uso desse fitoterápico. Não deve ser usada junto com outro antidepressivo. Evite o uso na gravidez e lactação.

O homem sábio deve considerar que a saúde é a maior bênção humana.

Hipócrates

ANÁLISE PERIFÉRICA DO SANGUE

A análise periférica do sangue é um método inovador desenvolvido pelos pesquisadores Bradford, Heitan e La Garde, que nos permite monitorizar as respostas do organismo ao tratamento dado e ter uma visão do estado geral oxidativo.

A geração dos produtos do oxigênio tóxico afeta as estruturas básicas do corpo e as seqüências bioquímicas. Isso conduz à degeneração acelerada e a doenças específicas. Esses processos patológicos podem ser crônicos, progressivos, como o câncer, doenças cardiovasculares, diabetes, doença de colágeno e algumas doenças neurológicas.

A análise periférica do sangue pode determinar o *status* nutricional celular. O *status* nutricional é essencial, ajudando a reverter os efeitos da geração de radicais livres pela estrutura celular deteriorada.

A interação de toxinas liberadas por essas células produz efeitos sistêmicos de disfunções metabólicas. A análise periférica do sangue pode revelar a situação real do sistema imune, permitindo observar a **morfologia de glóbulos brancos** e sua atividade em comparação com sua ação geral, a presença de **corpos estranhos** e **micróbios no soro**, **e a dinâmica dos glóbulos vermelhos**.

Uma disfunção dos glóbulos vermelhos e brancos e a presença de corpo estranho e micróbio no soro podem ser um valioso indicador da existência de processo patológico progressivo.

A análise periférica de sangue, através do uso de um microscópio de projeção variável, não depende de diagnósticos específicos sobre o estudo dos órgãos envolvidos.

Mesmo assim, bons julgamentos podem ser feitos, como a localização geral da atividade patológica. Isso pode direcionar o médico para os complexos orgânicos.

Essa técnica de análise única tem a capacidade de oferecer ao médico um método rápido e simples para determinar a extensão do processo patológico. Ajuda a determinar quando é funcional ou orgânico, agudo ou crônico, leve ou severo, e fornece idéia geral das passagens metabólicas e fisiológicas do corpo que estão requerendo suporte maior. Isso pode incluir controle oxidativo, correção nutricional e enzimática e suplementação ou estímulo imunológico.

A utilização do microscópio de várias projeções, analisando a série de gotas de sangue, frescas e secas, é um método simples para a orientação do tratamento, economizando tempo, além de dor e sofrimento do paciente. É um método inteligente que direciona tanto estudos laboratoriais como exames fisiológicos, para determinar o diagnóstico mais exato e meticuloso.

O tratamento pode ser direcionado para normalizar as funções fisiológicas, a correção de deficiências nutricionais e imunes, com suporte medicamentoso alopático.

As modalidades alopáticas e integradas podem ser utilizadas para eliminar invasores e/ou remover fatores tumorais.

A análise periférica do sangue permite registrar a existência de processo patológico e monitorar mudanças fisiológicas e morfológicas durante o tratamento. Isso permite ao médico saber qual a terapia adequada.

Essa monitorização indica ao médico quando a estrutura básica das células e as passagens bioquímicas recuperaram sua integridade e quando a reserva do órgão se restabeleceu.

Análise LBA (Live Blood Analisys)

Ampliando a 15.000 vezes a célula viva, como se vê nas ilustrações a seguir, o microscópio permite ao médico, mediante o

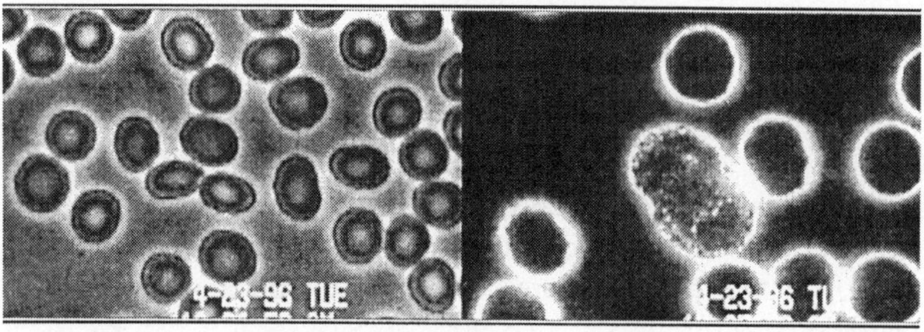

Células vivas ampliadas 15.000 vezes ao microscópio

teste da célula viva (LBA), ter acesso rápido a muitos elementos do sangue, como por exemplo:

- número, estrutura e integridade das células vermelhas (*Red Blood Cells*) e plaquetas, como indicadores do estado geral do paciente, patologia e/ou invasão viral ou bacteriana e desordens nutricionais;
- número, estrutura e integridade das células brancas (*White Blood Cells*), como monitor do sistema imunológico, excitação e/ou disfunção, respostas para sensibilidade, alergia e atividade do sistema endotelial;
- *status* nutricional, lipídios, excessos, deficiências refletidas em elementos visualizados e estruturas observadas;
- presença ou ausência de uma infecção sistêmica pelo fungo *Candida albicans.* O *Bradford Research Institute* é pioneiro nessa área, tendo demonstrado que esse fungo pode ser visto através do microscópio;
- atividade de parasitas (conhecidos e desconhecidos);
- alterações do soro devido a drogas tóxicas e medicamentos;
- presença e atividade de microplasmas e outras possíveis estruturas variantes (pleomórficas), muitas vezes vistas em grande quantidade em pacientes portadores de doenças;
- resposta do paciente a terapias nutricionais ou metabólicas;
- identificação rápida de danos causados por agentes etiológicos de doença.

Análise HLB (Heitan-La Garde-Bradford)

O Monitor dos Mecanismos Oxidativos

Diferentemente do LBA, este teste trabalha com o sangue coagulado, como se vê nas ilustrações a seguir, e tem a denominação de três pesquisadores que o desenvolveram, Heitan, La Garde e Bradford.

Com esse teste, médicos e pesquisadores podem controlar a patologia, observando a morfologia do sangue coagulado. Vários processos metabólicos envolvidos na coagulação do sangue afetam de forma característica as estruturas observadas na gota seca de sangue.

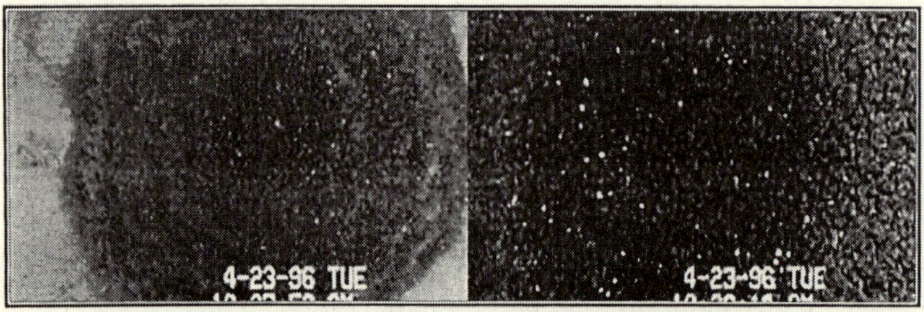

Análise HLB com gota seca de sangue coagulado

Através dos anos ficou aparente que cada modificação metabólica ou condição, estado de doença, deixa marcas desse processo metabólico no sangue coagulado.

Várias gotas secas do sangue permitem ao médico observar, entre outros dados:

- processo crônico ou agudo;
- inflamação;
- estresse físico ou trauma localizado;
- estresse emocional;
- doenças degenerativas como câncer em todos os estágios, esclerose múltipla, desordens do sistema imunológico;
- desordens hormonais e endocrinológicas;
- hipercalcemia;

- deficiência em vitamina C;
- toxicidade ambiental;
- alergia e sensibilidade;
- resposta a terapias metabólicas;
- resposta a vírus ou bactéria.

Atividade Antioxidante no Plasma

Atividade Antioxidante no Plasma Sangüíneo e Nível de Lipoperoxidação

Hoje, a ciência e a tecnologia permitem-nos reconhecer a interação molecular na biologia humana de forma mensurável e reprodutível.

Essa é a linguagem da ciência.

É possível e já se realiza a medição da atividade antioxidante no sangue, que mostra a capacidade do indivíduo de reagir a uma agressão oxidativa. Quando a capacidade de reação é baixa, é porque se estão dispendendo antioxidantes em excesso ou se está diante de um quadro de estresse oxidativo. Quando o quadro é esse, é necessário restabelecer a atividade antioxidante pela reposição dessas substâncias.

Como controlar a efetividade da ingestão, absorção e distribuição dos antioxidantes em um paciente?

Medindo-se esses antioxidantes no plasma (parte aquosa do sangue).

A medida de vitaminas antioxidantes (vitamina E, vitamina C, betacaroteno) no plasma é feita mediante métodos quantitativos de cromatografia líquida. O que é isso? A cromatografia (originária da separação de substâncias presentes numa mistura por sua diferença de cor) emprega o princípio de separação rápida das vitaminas antioxidantes, através da passagem do extrato do plasma por uma coluna fechada, onde essas diferentes vitaminas são "empurradas" sob pressão por um solvente líquido (fase móvel). Nesse solvente líquido as vitaminas são separadas pelo princípio de solubilidade; quanto mais solúvel, aparece primeiro na coluna. Ao saírem da coluna, essas substâncias são identificadas, agora separadamente, de acordo com suas propriedades químicas (absorção de luz ultravioleta, oxirredução, fluorescência etc.), e o valor obtido é comparado aos padrões do elemento analisado.

Os resultados desse exame permitem ao médico saber qual é a concentração plasmática dos antioxidantes e realizar o controle terapêutico, avaliando a eficácia da suplementação com antioxidantes.

Esses métodos de cromatografia líquida também podem medir outras vitaminas do complexo B, biotina, ácido fólico etc. Assim sendo, são muito úteis na avaliação nutricional de um indivíduo.

A medicina é uma arte; é a natureza que age na cura, a "arte" apenas ajuda, e não cura senão através da natureza.

Hipócrates

Dosagem Correta?

O Research Council of the Academy of Sciences, que existe há mais de 50 anos nos Estados Unidos, estabeleceu padrões para a suplementação diária de vitaminas e minerais. É o RDA, ou doses diárias recomendadas para adultos. É preciso ver, no entanto, que não se pode estabelecer qual a necessidade diária *do adulto*, pois cada um de nós tem suas próprias necessidades, sua própria individualidade bioquímica, tem idades diferentes e passa por situações de saúde ou doença distintas.

O RDA não leva em consideração as agressões ambientais modernas, assim como os diversos fatores de estilo de vida; fumantes, usuários de bebida alcoólica, excessiva exposição a poluentes ambientais, água contaminada, químicos, tóxicos e estresse.

Um estudo publicado pela Universidade da Califórnia em Los Angeles (UCLA) demonstrou que a prática de as pessoas usarem 400 mg ou mais de vitamina C por dia tem diminuído pela metade o risco de morte por problemas cardíacos, aumentando a expectativa de vida de 8 anos a mais. O RDA para vitamina C é somente 60 mg!

Em outro estudo de larga escala, enfermeiras que usam 100 IU de vitamina E tiveram 50% de redução de mortes por problemas cardíacos. O RDA oficial de vitamina E é só de 30 IU!

O RDA fornece um importante serviço público, definindo o nível dos nutrientes de que precisamos para prevenir as doenças, mas não reflete as necessidades atuais para promover ótima saúde.

O Dr. Roger Williams, da Universidade do Texas, em Austin, tem afirmado que a suplementação de nutrientes é a nossa primeira linha de defesa contra a saúde debilitada. Quando adequadas quantidades de nutrientes não são supridas, as disfunções começam, podendo gerar sérias doenças.

Os valores do RDA

Vitamina A (e betacaroteno)	5.000/4.000 UI
Vitamina C	60 mg
Vitamina D	200 UI
Vitamina E*	15/12 UI
Vitamina K*	80/60 mcg
Tiamina (B_1)*	1,5/1,1 mg
Riboflavina (B_2)*	1,7/1,3 mg
Niacina (e niacinamida; B_3)*	19/15 mg
Piridoxina (B_6)*	2,0/1,6 mg
Folato (ácido fólico)*	0,2/0,18 mg
Cobalamina (B_{12})	2 mcg
Biotina*	0,3 mg
Ácido pantotênico (B_5)*	4/7 mg
Cálcio	800 mg
Ferro*	10/15 mg
Fósforo	800 mg
Iodo	150 mcg
Magnésio*	350/280 mcg
Zinco	15 mg
Sódio	500 mg
Potássio	2.000 mg
Selênio*	70/55 mcg
Cobre	1,5 – 3 mg

*** O segundo valor é para as mulheres.**

Níveis ideais

No tratamento de medicina preventiva, que visa uma proteção contra radicais livres e melhoras das condições de saúde, recomenda-se:

Vitamina A (e betacaroteno)	5.000 UI
Vitamina C	4.000 mg
Vitamina D	400 UI
Vitamina E	400 UI
Tiamina (B_1)	100 mg
Riboflavina (B_2)	50 mg
Niacina (e niacinamida; B_3)	150 mg
Piridoxina (B_6)	100 mg
Folato (ácido fólico)	5.000 mg
Cobalamina (B_{12})	100 mcg
Biotina	0,3 mg
Ácido pantotênico (B_5)	100 mg
Cálcio	1.000 mg
Ferro	18 mg
Fósforo	1.000 mg
Iodo	150 mcg
Magnésio	500 mcg
Zinco	30 mg
Cobre	3 mg
Sódio	1.000 mg
Potássio	4.000 mg
Selênio	200 mcg

CONCLUSÃO

As evidências das conseqüências das agressões ambientais e das alterações da qualidade dos alimentos tornam necessária a suplementação por vitaminas, minerais e aminoácidos. Isso não quer dizer que o paciente possa se automedicar. Ele sempre necessitará ser orientado por profissionais familiarizados com a nutrição molecular.

Exames à disposição dos médicos podem, com grande precisão, determinar deficiências nutricionais e alterações no sistema imune para eventual correção, mediante o uso de nutrientes numa terapêutica bem monitorada.

O fato de eu ser pessoalmente adepto do uso de nutrientes para que se tenha uma melhor qualidade de vida, tanto na prevenção da doença, quanto em seu tratamento, não quer dizer que não use drogas químicas.

Uso-as, mas nos momentos oportunos, ou associadas a nutrientes.

Nesta virada do século, reforço a importância da **medicina preventiva**, que será a **medicina do século XXI**. Ela cuidará fundamentalmente de detectar a origem dos problemas e não se preocupará apenas em cuidar das doenças quando já instaladas.

Os fatores que geram doenças devem ser vistos de modo diverso daquele empregado no passado, quando procurávamos o agente de cada doença específica. Atualmente esses agentes são múltiplos, provêm de poluentes, produtos adicionados aos alimentos, campos eletromagnéticos que promovem, isolados ou não, o desequilíbrio da biologia molecular. Compete ao médico descobrir esses fatores, pois estes podem estar gerando, potencializando ou até mimetizando doenças. Esse é o grande desafio que a medicina enfrenta: a doença mimetizada, aquela que apresenta um sintoma tido como dela, mas que na realidade decorre de outro. Nossa tarefa, com os recursos hoje disponíveis – embora não aceitos por todos –, é chegar a conhecer a **verdadeira doença**, e se possível impedir que ela vença as resistências orgânicas e também psíquicas do ser humano.

Referências Bibliográficas

ADLER, AJ., HOLUB, BJ. *Effects of garlic and fish oil supplementation on serum lipid and lipoprotein concentrations in hypercholesterolemic men.* Am J Clin Nutr, 65:445-50, 1997.

ANDERSON, Robert A., M.D. *Wellness Medicine. Antioxidant in Therapy and Preventive Medicine,* Merit, Packer, Auclain. Advances in Experimental Medicine and Biology – v. 264, Plenum Press, New York, 1988.

ANONYMOUS. *Inhibition of LDL oxidation by phenolic substances in red wine: a clue to the French Paradox.* Nutrition Rev. 51:85-87, 1993.

_____. *Phenylalanine fails to help chronic back patients.* Family Pract News, 17(3):37, 1987.

AQUINO, R., DE FEO, V., DE SIMONE, F. et al. *Plant metabolites, new compounds and antiinflammatory activity of Uncaria tomentosa.* J Nat Prod, 54:453-59, 1991.

ARUOMA, Okevie I., HALLIWELL, Barry, org. *Free Radicals and Food Additives,* Taylor and Francis, Londres, 1991.

BALCH, James F., BALCH, Philips A., *Prescription form Nutritional Healing,* part two, p. 133.

BANDERET, LE., LIEBERMAN, HR. *Treatment with tyrosine, a neurotransmitter precursor, reduces environmental stress in humans.* Brain Res Bull, 22:759-62, 1982.

BARNES, Broda O., GALTON, Lawrence. *Hypothyroidism: The Unsuspected Illness.* Cromwell, New York, 1976.

BECKER, Robert O., SELDEN, Gary. *Body Electric: Electromagnetism and the Foundation of Life.* New York, Willian Morrow & Co., 1987.

BENDICH, A., LANGSETH, L. *Safety of vitamin A.* Am J Clin Nutr, 49:358-71, 1989.

BHAT, KS. *Nutritional status of thiamine, riboflavin and pyridoxine in cataract patients.* Nutr Rep Internat, 36:685-92, 1987.

BISHOPS, C.S., DYE, A. Microwave heating enhances the migration of plasticizers out of plastics. *J. Env. Hlth.*, 44:231-235, 1982.

BLAND, Jeffrey. *Medical Applications of Clinical Nutrition.* New Canaan, CT. Keats Publishing, 1983.

_____ . *Your Health Under Seige: Using Nutrition to Fight Back.* Greenem, 1982.

BLAUER, Stephen. *The Juicing Book.* Garden City Park, NY. Avery Publishing Group, 1989.

BLIZNAKOV, Emile, HUNT, Gerry. *The Miracle Nutrient: Coenzyme Q_{10}.* New York, Bantam Books, 1987.

BONE, K. *Kava: A safe herbal treatment for anxiety.* Brit J Phytother, 3:145-53, 1994.

BRADEN, LM., CARROLL, KK. *Dietary polynsaturated fat in relation to mammary carcinogenesis in rats.* Lipids, 21(4):285, 1986.

BRADFORD, Robert W., ALLEN, Henry W., CULBERT, Michael L. *Oxidology: The study of Oxygen Toxic Species (ROTS) an Their Metabolism in Health and Disease*, Bradford Foundation, California, 1985.

BRAECKMAN, J. *The extract of Serenoa repens in the treatment of benign prostatic hyperplasia: A multicenter open study.* Curr Ther Res, 55:776-85, 1994.

BRAVERMAN, Eric R., PFEIFFER, Carl C. *The Healing Nutrients Within – Facts, Findings and New Research on Amino Acids.* New Canaan, Connecticut, Keats Publishing, Inc., 1987.

_____ . *The Healing Nutrients Within*, apendix A, p. 337, EUA.

BRIGHTHOPE, Ian. *The AIDS Fighters.* New Canaan, CT. Keats Publishing, 1988.

BRINKLEY, Ginny, GOLDBERG, Linda, KUKAR, Janice. *Your Child's First Journey.* Garden City Park, NY. Avery Publishing Group, 1989.

BROWN, CROUNSE, org. *Hair, Trace elements, and Human illness,* Praeger, New York.

BUCKLEY, JP., FURGIULEL, AR., O'HARA, MJ. "Pharmacology of Kava". In *Ethnopharmacological Search for Psychoctive Drugs.* Ed. DH Efron, B Holmstedt, NS Kline. New York, Raven Press, 141-51, 1979.

BUDD, K. *Use of D-phenylalanine, an enkephalinase inhibitor, in the treatment of intractable pain.* Adv Pin Res Ther, 5:305-8, 1983.

BUIST, Robert. *Food Chemical Sensitivity.* Garden City Park, NY. Avery Publishing Group, 1988.

_____ *Food Intolerance.* Garden City Park, NY. Avery Publishing Group, 1989.

BUTTERWORTH, CE. Jr., TAMURA, T. *Folic acid safety and toxicity: A brief review.* AM J Clin Nutr, 50:353-58, 1989.

CALKINS, B.M., WHITTAKER, D.J., RIDER, A.A., TURJMAN, N., Diet nutrition intake and metabolism in population at high and low risk for colon cancer. *Amer. J. Clin. Nutr.* 40:896-905, 1984.

CHAMPAULT, G., BONNARD, AM. et al. *The medical treatment of prostatic adenoma in a controlled study: PA-109 versus placebo in 110 patients.* Ann Urol, 6:407-10, 1984.

CHAN, JK., BRUCE, VM., MCDONALD, BE. *Dietary a-linolenic acid is as effective as oleic acid and linoleic acid in lowering blood cholesterol in normolipidemic men.* Am J Clin Nutr, 53:1230-34, 1991.

CHECK, Willian A., FETTNER Ann G. *The Truth About AIDS: Evolution of an Epidemic.* New York, Holt, Rinehart & Winston, 1985.

CHERASKIN, E., RINGSDORF, W. M., MEDFORD, FH., HICKS, BS. *The "ideal" daily vitamin B1 intake.* J Oral Med, 33:77-9, 1978.

CHERASKIN, E. M.D., D.M.D., RINGSDORF, W. M., Jr. D.M.D., CLARK, J. W., D.D.S. *Common Questions on Schizophrenia and Their Answers Diet And Disease*, EUA.

CHIARONI, P., AZORIN, jM., BOVIER, P. et al. *A multivariate analysis of red blood cell membrance transports and plasma levels of L-tyrosine and L-tryptophan in depressed patients before treatment and after clinical improvement.* Neuropsychobiol, 23:1-7, 1990.

CICHOKE, Anthony J., D.C. *Enzymes & Enzyme Therapy.* Keats Publ. Inc. EUA, 1994.

CIVITELLI, R., VILLAREAL, DT., AGNEUSDEI, D. et al. *Dietary 1-lysine and calcium metabolism in humans.* Nutrition, 8:400-4, 1992.

CLARE, Sally and David. *Creative Vegetarian Cookery.* Bridport, England. Prism Press, 1988.

CLEAVE, T.L., M.D. *The Saccharine Disease.*

CLOSTRE, F. "From the body to the cellular membranes: The different levels of pharmacological action of Gingko biloba extract". *In Rokan (Gingko biloba): Recent Results in Pharmacology and Clinic.* Ed. EW Funfgeld. Berlin: Springer Verlag, 180-98, 1988.

CRANTON, Elmc M. *Trace elements, Hair Analysis and Nutrition,* Keats Publ., Inc., EUA, 1983.

CROOK, Willian G. *The Yeast Connection: A Medical Breakthrough,* rev. ed. New York. Vintage Books, 1986.

CUMMINGS, S., ULLMAN, Dana. *Everybody's Guide To Homeopathic Medicines,* EUA.

DALY, LE., KIRKE, PN., MOLLOY, A. et al. *Folate levels and neural tube defects.* JAMA, 274:1698-1702, 1995.

DATHE, G., SCHMID, H. *Phytotherapy of bening prostatic hyperplasia (BPH) with extractum Serenoa repens.* Urologe 31:220-23, 1991.

DAVIDSON, Paul. *Are You Sure It's Arthrits?* New York, Macmillan Publishing Co., 1985.

DAVIS, Adelle. *Let's Eat Right to Keep Fit.* New York. Harcourt Brace Jovanovich, Inc., 1970.

DE LORGERIL, M., RENAUD, S., MAELLE, N. et al. *Mediterranean alpha-linoleic acid-rich diet in secondary prevention of coronary heart disease.* Lancet, 343:1454-59, 1994.

DE HAAS, Cherie. *Natural Skin Care.* Garden City Park, NY. Avery Publishing Group, 1989.

DEL FAVERO, A. *Carnitine and gangliosides.* Lancet, ii:337 (letter), 1988.

DIPALMA, Jr. *Carnitine Deficiency.* Am family Phys, 38:243-51, 1988.

DONSBACH, Kurt W. *Dr. Donsbach's Guide to Good Health.* Long Shadow Books, 1985.

DORANT, E., VANDER, Brandt PA. et al. *Garlic and its significance for the prevention of cancer in humans: A critical review.* Br J Cancer, 67:424-29, 1993.

DRIEU, K. "Preparation and definition of Gingko biloba extract". In *Rokan (Gingko biloba): Recent Results in Pharmacology and Clinic.* Ed EW Funfgeld, Berlin, Springer-Verlag, 32-36, 1988.

DROGE, W., ECK, H.P., GANDER, H., MIHM, S. *Modulation of lymphocyte functions and immune responses by cysteine and cysteine derivatives.* Am J. Med, 91 (suppl 3C):140S-44S, 1991.

DUKE, JA. *CRC Handbook of Medicine Herbs.* Boca Raton, FL: CRC Press, 110-11, 1985.

EDWARDS, Linda. *Baking for Health.* Garden City Park, NY. Avery Publishing Group, 1988.

ERASMUS, Udo. *Fats and Oils.* Vancouver. Alive Press, 1987.

_____. *Fats that Heal Fats that Kill.* Vancouver, Canada, Alive Books, 1993.

FAULSTICH, H., JAHN, W., WIELAND, T. *Silibinin inhibition of amatoxin uptake in the perfused rat liver.* Arzneim-Forsch Drug Res, 30:425-54, 1980.

FEHER, J., LANG, I. et al. *Free radicals in tissue damage in liver diseases and therapeutic approach.* Tokai J Exp Clin Med, 11:121-34, 1986.

FEINGOLD, Helene and Ben. *The Feingold Cookbook for Hyperactive Children and Others With Problems Associated With Food Additives and Salicylates.* New York. Random House, 1979.

FERRANDINI, C., DROY-LEFAIX, MT., CHRISTEN, Y. ed. Gingko biloba extract (Egb 761) *As a Free Radical Scavenger.* Paris, Elsevier, 1993.

FIDANZA, A. *Therapeutic action of pantothenic acid.* Int J Vit Nutr Res, suppl 24:53-67 (review), 1983.

FINELY, EB., CERKLEWSKI, FL. *Influence of ascorbic acid supplementation on copper status in young adult men.* Am J Clin Nutr, 37:553-56, 1983.

FINK, John. *Third Opinion.* Garden City Park, NY. Avery Publishing Group, 1988.

FISCHER, E. et al. *Therapy of depression by phenylalanine.* Arzeimittelforch, 25:132, 1975.

FOSTER, S. *Herbs for Your Health.* Loveland, CO: Interweare Press, 18-19, 1996.

FRANCONI, F., BERNNARDINI, F., MATTANA, A. et al. *Plasma and platelet taurine are reduced in subjects with insulin-dependent diabetes mellitus: Effects of taurine supplementation.* Am J Clin Nutr, 61:1115-19, 1995.

FUJITA, Takuo. *Calcium and Your Health.* Tokyo. Japan Publications, 1987.

GABY, AR. *Literature review and commentary.* Townsend Letter for Doctors and Patients, 338-39, Jun, 1990.

GALDUROZ, JC., CARLINI, EA. *The effects of long – term administration of guarana on the cognition of normal, elderly volunteers,* rev. Paul Med, 114:1073-78, 1996.

GARRISON, Robert H., Jr., M.A., R.Ph., SOMER, Elizabeth, M.A., R.D. *The Nutrition Desk Reference (Second Edition, Revised).*

GARRISON, R., SOMER, E. *The Nutrition Desk Reference.* New Canaan, CT: Keats Publishing, 41, 1995.

GELENBERG, Aj., GIBSON, Cj., WOJCIK, jD. *Neurotransmitter precursors for the treatment of depression.* Psy chopharmacol Bull, 18:7-18, 1982.

GERMANN, Donald R. *The Anti-Cancer Diet.* New York. Wyden Books, 1977.

GILBERT, Daniel L. *Oxygen and Living Processes.* Springer-Verlay, Nova York, 1981.

GIOVANNUCCI, E., ASCHERIO, A., RIMM, EB. et al. *Intake of carotenoids and retinol in relation to risk of prostate cancer.* JNCI, 87:1767-76, 1995.

GONZALES, MJ. *Fish oil, lipid peroxidation and mammary tumor growth.* J Am Coll Nutr, 14:325, 1995.

GRACE, Wj. et al. *Therapy of scleroderma and dermatomyositis.* NY State J Med, 63:140-44, 1963.

GREGORY, Scott J., BIANCA, Leonardo. *They Conquered AIDS!* True Life Publications, EUA, 1989.

HARMAN, D. *Free radical theory of aging: A hypothesis on pathogenesis of senile dementia of the Alzheimer's type.* 16:23-30, 1993.

HARRIS, M. The 100.000-year Hunt. *The Sciences* 1:22-23, 1986.

HEIDENRY, Carolyn. *Making the Transition to a Macrobiotic Diet.* Garden City Park, NY. Avery Publishing Group, 1988.

HEINERMANN, John. *Aloe Vera, Jojoba & Yucca.* New Canaan, CT. Keats, 1982.

HELLER, B. et al. *Therapeutic action of Diphenylalanine in Parkinson's disease.*

HEMILA, H. *Does vitamin C alleviate view of current evidence.* Scand I Infect Dis, 26:1-6, 1994.

HEMMINGS, W.A. The Absortion of haemoglobin from oral doses by adult rats. IRCS Med. Sci.: *Alimentary Sistem: Biochem., Metab, and Nutr.* 4:393-394, 1976.

HIKINO, H., KISO, Y. et al. *Antihepatotoxic actions of flavonolignans from Silybum marianum fruits.* Planta Medica, 50:248-50, 1984.

HO, J. *Constituents and mechanism of action of St. John's wort.* Zeitschrift Phytother, 14:255-64, 1993.

_____. DEMISCH, L., GOLLNIK, B. *Investigations about antidepressive and mood changing effects of hypericum perforatum.* Planta Med, 55:643, 1989.

HOCHMAN, LG., SCHER, RK., MEYERSON, MS. *Brittle nails: Responses to daily biotin supplementation.* Cutis, 51(4):303-5, 1993.

HOFFER, Abram, M.D., Ph. D. *Orthomolecular Medicine for Physicians.*

HOLM, E., STAEDT, U. et al. *Studies on the profile of the neurophysiological effects of D,L-kavain: Cerebral sites of action and sleep-wakefulness-rhythm in animals.* Arzneim-Forsch Drug Res, 41:673-83, 1991.

HORROBIN, DF. *The importance of gamma-linolenic acid and prostaglandin E_1 in human nutrition and medicine.* J Holistic Med, 3:118-39, 1981.

_____. MANKU, M., BRUSH, M. et al. *Abnormalities in plasma essencial fatty acid levels in women with pre-menstrual syndrome and with non-malignant breast disease.* J Nutr Med 2:259-64, 1991.

HOWARD, Mary Ann. *Blueprint for Health.* Grand Rapids, MI. Zondervan Publishing House, 1985.

HOWELL, Edward. *Enzyme Nutrition.* Garden City Park, NY. Avery Publishing Group, 1987.

HSING, AW., COMSTOCK, GW., ABBEY, H., POLK, F. *Serologic precursors of cancer. Retinol carotenoids, and tocopherol and risk of prostate cancer.* JNCI, 82:941-46, 1990.

HUGHES, BG., LAWSON, LD. *Antimicrobial effects of Allium sativum L. (garlic), Allium ampeloprasum L. (elephant garlic) and Allium cepa L. (onion), garlic compounds and commercial garlic supplement products.* Phytother Res, 5:154-58, 1991.

INGHAM, Eunice D. *Stories The Feet Have Told Through Reflexology.*

INGRAM, D.D. et al. U.S.S.R. and U.S. nutrient intake, plasma lipids and lipoproteins in men ages 40 to 59 sampled from lipid research clinics population. *Preventive Medicine*, 14:264-271, 1985.

JANSON, Michael. *The Vitamin Revolution in Health Care.* Greenville, New Hampshire, Arcadia Press, 1996.

JUNG, F., MROWIETZ, C. et al. *Effects of Gingko biloba on fluidity of blood and peripheral microcirculation in volunteers.* Arzneim-Forsch Drug Res, 40:589-93, 1990.

JURASUNAS, Serge. *A Revolução na Saúde.* Portugal, Natipress, 1997.

KAMEN, Betty, Ph.D., FRALEY, E. Lynn, R.N., Dr. P.H. *Nutrition in Nursing.*

KENDLER, BS. *Carnitine: An overview of its role in preventive medicine.* Prev Med, 15:373-90, 1986.

KARTING, T. "Clinical applications of Centella asiatica (L) Urb." In *Herbs, Spices, and Medicinal Plants: Recent Advances in Botany, Horticulture, and Pharmacology.* Vol. 3, ed. LE Craker, JE Simon. Phoenix, AZ: Orvx Press, 145-73, 1986.

KEPLINGER, H. *Oxyindole alkaloids having properties stimulating the immunologic system and preparation containing same.* US Patent no. 5,302,611, April 12, 1994.

KLEIJNEN, J., KNIPSCHILD, P., TER RIET, G. *Garlic, onion and cardiovascular risk factors: A review of the evidence from human experiments with emphasis on commercially avaible preparations.* Br J Clin Pharmacol, 28:535-44, 1989.

KLEINVELD, HA., DEMACKER, PNM., STALENHOEF, AFH. *Failure of N-acetylcysteine to reduce low-density lipoprotein oxidizability in healthy subjects.* Eur J Clin Pharmacol, 43:639-42, 1992.

KOMATSU, T., KISHI, K., YAMAMOTO, T., INQUE, G. Nitrogen requirement of amino acid mixture with maintenance energy in young men. *J. Nutr. Sci. Vitaminol.*, 29:169-185, 1983.

KRAMER, L.B., OSIS, D., COFFEY, J., SPENCER, H. Mineral and trace element content of vegetarian diets. *J. ACN* 3:3-11, 1984.

KRIEGLSTEIN, J. *Neuroprotective properties of Gingko biloba – constituents.* Zeitschrift Phytother, 15:92-96, 1994.

KRITCHEVSKY, D., WEBWE, MM., KLURFELD, DM. *Gallstone formation in hamsters: Influence of specific amino acids.* Nutr Rep Internat, 29:117, 1984.

KROEGEL, C., KORTSIK, C. et al. *The pathophysiological role and therapeutic implications of platelet activating factor in diseases of aging.* Drugs Aging, 2:345-55, 1992.

KURUP. P.A. et al. Diet nutrition intake and metabolism in populations at high and low risk for colon cancer. *Amer. J. Clin. Nutr.* 40:942-946, 1984.

KUSHI, Michio. *The Macrobiotic Approach to Cancer.* Garden City Park, NY. Avery Publishing Group, 1989.

LANCE, James W. *Migraine and Other Headaches.* New York. Scribner, 1986.

LEAF, A., WEBER, PC. *Cardiovascular effects of n-3 fatty acids.* N Engl I Med, 318:549-57, 1988.

LEGNANI, C., FRASCARO, M. et al. *Effects of a dried garlic preparation on fibrinolysis and platelet aggregation in healthy subjects,* Arzneim-Forsch Drug Res, 43:119-22, 1993.

LERMAN, Andrea. *The Macrobiotic Community Cook-book.* Garden City Park, NY. Avery Publishing Group, 1989.

LEUTTING, B., STEINMULLER, C. et al. *Macrophage activation by the polysaccharide arabinogalactan isolated from plant cell cultures of Echinacea purpurea.* J Natl Cancer Inst, 81:669-75, 1989.

LEVITT, Paul, GURALNICK, Elissa. *The Cancer Reference Book.* New York. Paddington Press, 1979.

LEVY, R.I. Causes of the decrease in cardiovascular mortality. *Am. J. Cardiol.*, 54:7C-13C, 1984.

LIVINSTON-WHELLER, Virginia, ADDLEO, Edmond G. *The Conquest of Cancer: Vaccines and Diet.* New York. Franklin Watts, 1984. Microwaves. *Int. J. Biosocial & Med. Research*, 1983; Spec. Subj. Vol. 14:224-228 (Comentary on a review article. "Microwaves: Scientific Proof of Danger", from the *Jornal Franz Weber* 1992: 19:3-10).

LUOSTARINEN, R., WALLIN, R., WIBELL, L. et al. *Vitamin E supplementation couteracts the fish oil-induced increase of blood glucose in humans.* Nutr Res, 15:953-68, 1995.

MAFFEI, F. et al. *Free radical scavenging action and anti-enzyme activities of procyanidines from Vitis vinifera. A mechanism for their capillary protective action.* Arzn Forsch, 44:592-601, 1994.

MALASANOS, TH., STACPOOLE, PW. *Biological effects of omega-3 fatty acids in diabetes mellitus.* Diabetes Care, 14:1160-79, 1991.

MANKU, MS., HORROBIN, DF., MORSE, NL. et al. *Essential fatty acids in the plasma phospholopids of patients with atopic eczema.* Brit J Derm, 110:643, 1984.

MANTZIORIS, E., JAMES, MJ., GIBSON, RA., CLELAND, LG. *Dietary substituition with alphalinoleic acid-rich vegetable oil increases eicosapentaenoic acid concentrations in tissues.* Am I Clin Nutr, 59:1304-9, 1994.

MITCHEVA, M. et al. *Biochemical and morphological studies on the effects of anthocyans and vitamin E on carbon tetrachloride induced liver injury.* Cell Mol Bio, 39(4):443-48, 1993.

MONTIGNAC, Michel. *Comment Maigrir En Faisant Des Repas D'Affaires*, 5ª edition – Paris, França, Editions Artulen, 1992.

MURRAY, Michael, N.D., PIZZORNO, Joseph, N.D. *Encyclopedia of Natural Medicine.* Prima Publ., EUA, 1991.

_____ . *Nutrition Reviews.* Growth of vegetarian children. 37(4):108-109, 1979.

NANDI, Anaradha, MUKHOPADHYAY, K., Chinmay, GHOSH, Mrinal K., CHATTOPADHYAY, Dhruba J., CHATTERJEE, Indu B. *Evolutionary Significance of Vitamin C Biosynthesis in Terrestrial Vertebrates.* Free Radical Biology & Medicine. 22:1047-1054, 1997.

OLKIN, Sylvia Klein. *Positive Pregnancy Fitness: A Guide to a More Confortable Pregnancy and Easier Birth Through Exercise and Relaxation.* Garden City Park, NY. Avery Publishing Group, 1987.

OTT, John N. *Light, Radiation and You: How to Stay Healthy.* Old Greenwich, CT. Devin-Adair Publishers, 1982.

PARK, KGM. *The immunological and metabolic effects of 1-arginine in human cancer.* Proc Nutr Soc, 52:387-401, 1993.

PARRY, G., BREDESEN, DE. *Sensory neuropath with low-dose pyridoxine.* Neurology, 35:1466-68, 1985.

PASSWATER, Richard A. *Supernutrition.* New York. Dial Press, 1985.

PAULING, Linus. *Case report: Lysine/ascorbate-related amelioration of angina pectoris.* J Orthomol Med, 6:144-46, 1991.

_____ . *Vitamin C and the Common Cold.* San Francisco, CA. W.H. Freeman & Co., 1970.

PEARSALL, Paul. *Superimmunity: Master Your Emotions and Improve Your Health.* New York, McGraw-Hill, 1987.

PEDERSEN, Mark. *Nutritional Herbology.*

PFEIFFER, Carl. *Nutrition and Mental Illness: An Orthomolecular Approach to Balancing Body Chemistry.* Rochester, VT. Inner Tradition, 1988. *Zinc and Other Micro-Nutrients.* New Canaan, CT. Keats, 1978.

PHILLIPS, Robert H. *Coping With Osteoarthrits.* Garden City Park, NY: Avery Publishing Group, 1989.

PHILPOTT, Willian H.M.D., KALITA, Dwight, Ph.D. *Brain Allergies:* k., EUA.

_____ . *Victory Over Diabetes.*

PRICE, Weston A., D.D.S. *Nutrition and Physical Degeneration.*

RANDOLPH, Theron G. *Human Ecology and Susceptibility to the Chemical Environment.* Charles C. Thomas, Publisher, 1981.

RAPP, Doris J. *Allergies and the Hyperactive Child.* New York. Sovereign Books, 1979.

READING, Chris M., M.D., MEILLON, Ross S. *Your Family Tree Connection.*

RECHIG, M., ed. *CRC Handbook of Nutritional Supplements.* Boca Raton, Fl. CRC Press, Inc., 1983.

Recipes for Longer Life. Garden City Park, NY. Avery Publishing Group, 1982.

RECTOR-PAGE, Linda N.D., Ph.D. *Cooking For Healthy Healing,* EUA.

REICHERT, RG. *St. John's Wort for depression.* Quart Ver Nat Med, summer: 17-18, 1994.

RICE, RD. *Mediterranean diet Lancet* (letter), 1994.

RIMM, EB., STAMPFER, Mj., ASCHERIO, A. et al. *Vitamin E consumption and the risk of coronary heart disease in men.* N Engl J Med, 328:1450-56, 1993.

RIZZI, R., RE, F., BIANCHI, A. et al. *Mutagenic and antimutagenic activities of Uncaria tomentosa and its extracts.* J Ethnopharmacol, 38:63-77, 1993.

ROGERS, Sherry A. *Tired or Toxic?* Syracuse, New York, Prestige Publishing, 1990.

ROMICS, I., WSCHMITZ, H., FRANG, D. *Experience in treating benign prostatic hypertrophy with Sabal serrulata for one year.* Inter Urol Nephrol, 25:565-69, 1993.

RUSSEL, RM. *A minimum of 13.500 deaths annually from coronary artery disease could be prevented by increasing folate intake to reduce homocysteine levels.* J Am Med Assoc, 275:1828-29, 1996.

SABELLI, HC. *Clinic studies on the phenylethylamine hypothesis of affective disorder: Urine and blood phenylacetic acid and phenylalanine dietary supplements.* J Clin Psychiatry, 47:66-70, 1986.

SALVAYRE, R., BRAQUET, P. et al. *Comparison of the scavenger effect of bilberry anthocyanosides with vatious flavonoids.* Proceed Intl Bioflavonoids Symposium, Munich, 437-42, 1981.

SANDERS, TAB., ROSHANAI, F. *The influence of different types of omega-3 polyunsaturated fatty acids on blood lipids and platelet function in healthy volunteers.* Clin Sci, 64:91, 1983.

SANDSTEAD, HH. *Copper bioavailability and requirements.* Am J Clin Nutr, 35:809-14 (review), 1982.

SAYCE, Valerie, FRASER, Ian. *Exercise can Biat Your Arthrits.* Garden City Park, NY. Avery Publishing Group, 1989.

SCHAUENBERG, Paul, PARIS, Ferdinand. *Guide to Medicinal Plants.*

SCHAUMBURG, H., KAPLAN, J., WINDEBANK, A. et al. *Sensory neuropathy from pyridoxine abuse.* N Engl J Med, 309(8):445-48, 1983.

SHANNON, Sara. *Diet for the Atomic Age.* Garden City Park, NY. Avery Publishing Group, 1987.

SHAW, GM., O'MALLEY, CD., WASSERMAN, CR. et al. *Maternal periconceptional use of multivitamins and reduced risk for conotruncal heart defects and limb deficiencies among offspring.* Am J Med Genetics, 59: 536-45, 1995.

SHELTON, Herbert M. *Fasting Can Save Your Life*, rev. ed. Natural Hygiene, 1981.

SHIBATA, S., TANAKA, O. et al. *Chemistry and pharmacology of Panax.* In Economic and Medical Plant Research, vol. 1, ed H Wagner, H Hikino, NR Farnsworth. London, Academic Press, 217-84, 1985.

SHUTE, Wilfrid. *Dr. Wilfrid E. Shute's Complete Updated Vitamin E Book.* New Canaan, CT. Keats Publishing, 1975.

SIES, H. org. *Oxidants and Antioxidants, Oxidative Stress*, Academic Press, San Diego, 1991.

SIEVE, BF. *The clinical effects of a new B-complex factor, para-aminobenzoic acid, on pigmentation and fertility.* South Med Surg, 104:135-39, 1942 (March).

SINGER, P., JARGER, W., BERGER, I. et al. *Effects of dietary oleic, linoleic and a-linoleic acids on blood pressure, serum lipids, lipoproteins and the formation of eicosanoid precursors in patients with mild essential hypertension.* J. Human Hypertension, 4:227-33, 1990.

SMITH, Lendon. *Feed Your Kids Right: D. Smith's Program for your Child's Total Health.* New York. McGraw-Hill, 1979.

SOMER, E. *The Essential Guide to Vitamins and Minerals.* New York, Harper, 70-72, 1995.

SONNENBICHLER, J., ZETL, I. "Stimulating influence of a flavonolignan derivative on proliferation, RNA synthesis and protein synthesis in liver cells". In *Assessment and Management of Hepatobiliary Disease.* Ed. L Okolicsanyi, G Csomos, G Crepaldi. Berlin, Springer-Verlag, 265-72, 1987.

STAMPFER, Mj., HENNEKENS, CH., MANSON, jE. et al. *Vitamin E consumption and the risk of coronary heart disease in women.* N Engl J Med, 328:1444-49, 1993.

STARLING, RD., TRAPPE, TA., SHORT, KR. et al. *Effect of inosine suplementation on aerobic and anaerobic cycling performance.* Med Sci Sport Ex, 28(9):1193-98, 1996.

STEPHENS, NG., PARSONS, A., SCHOFIELD, PM. et al. *Randomised controlled trial of vitamin E in patients with coronary disease.* Cambridge Heart Antioxidant Study (CHAOS). Lancet 347:781-86, 1996.

STERN, Gai. *International Whole Meals.* San Leandro, California. Prism Press, 1987.

SUZUKI, O., KATSUMATA, Y., OYA, M. *Inhibition of monoamine oxidase by hypericin.* Planta Med, 50:272-74, 1984.

TAKEDA, Y., TOMINGA, T., TEI, N. et al. *Inhibitory effect of 1-arginine on growth of rat mammary tumos induced by 7,12, Dimethylbenz(a) anthracine.* Cancer Res, 35:2390-3, 1975.

TASCA, A., BARULLI, M. et al. *Treatment of obstructive symptomology caused by prostatic adenoma with an extract of Serenoa repens: Double-blind clinical study vs. Placebo.* Minerva Urol Nefrol, 37:87-91, 1985.

The Macrobiotic Way. Garden City Park, NY. Avery Publishing Group, 1986.

The Wheatgrass Book. Garden City Park, NY. Avery Publishing Group, 1985.

TIERRA, Michael. *The Way Of Herbs.*

TOBOREK, M., HENNIG, B. *Is methionine an atherogenic amino acid?* J Opt Nutr, 3(2):80-83, 1994.

TOFT, I., BONNA, K., INGEBRETSEN, OC. et al. *Effects of n-3 polyunsaturated fatty acids on glucose homeostasis and blood pressure in essencial hypertension.* Ann Intern Med, 123:911-18, 1995.

TOLAROVA, M. *Periconceptional supplementation with vitamins and folic acid to prevent recurrence of cleft lip.* Lancet, ii:217 (letter), 1982.

TOMADA, M., HIRABAYASHI, K. et al. *Characterisation of two novel polysaccharides having immunological activities from the root of Panax ginseng.* Biol Pharm Bull, 16:1087-90, 1993.

TOOD, Gary Price. *Eye Talk.* 1988.

TRATTLER, D.C., Dr. Ross. *Better Health Through Natural Healing.*

TREBEN, Maria. *Health from God's Garden: Herbal Remedies for Glowing Health and Glorious Wll-Being.* Rochester, VT. Thorsons Publishers, 1987.

TUCHWEBER, B., SIECK, R., TROST, W. *Prevention by silibinin of phalloidin induced hepatotoxicity.* Toxicol Appl Pharmacol, 51:265-75, 1979.

URSINI, Fulvio et al. *Postprandial Plasma Lipid Hydroperoxides: A possible link between diet and atherosclerosis.* Free radical biology & Medicine, 25:250-252, 1998.

VARANASI, RV., SALTZMAN, JR. *Ornithine oxoglutarete therapy improves nutrition status.* Nutr Ver, 53(4)96-102, 1995.

VINSION JA., BOSE, P. *Comparative bioavailability to humans of ascorbic acid alone or in a citrus extract.* Am J Clin Nutr 48:601-4, 1988.

WADE, Carlson. *Carlson Wade's Amino Acids Book.* New Canaan, CT. Keats Publishing, 1985.

WAGNER, H., HORHAMMET, L., MUNSTER, R. *The chemistry of silymarin (silybin), the active principle of the fruits of Silybum marianum (L).* Gaertn. Arzneim-Forsch Drug Res,.18:688-96, 1968.

WALD, NJ., BOWER, C. *Folic acid, pernicious anaemia, and prevention of neural tube defects.* Lancet, 343:307, 1994.

WALKER, Morton. *Orthomolecular Nutrition.* Canadá.

_____. *The Chelation Way.* Garden City Park, NY. Avery Publishing Group, 1990.

WEBER, Marcea. *Macrobiotics an Beyond.* Garden City Park, NY. Avery Publishing Group, 1989.

WEINER, Michael A. *Maximum Immunity.* Boston, MA. Houghton Mifflin Co., 1986.

WEISS, RF. *Herbal Medicine.* Gothenburg, Sweden: Ab Arcanum, 295-97, 1988.

WERBACH, Melvyn A. M.D. *Nutritional Influences on Illness.*

_____. MURRAY, Michael T. *Botanical Influences on Illness.* Tarzana, California, USA, 1994.

Why Suffer? rev. ed. Garden City Park, NY. Avery Publishing Group, 1984.

WIGMORE, Ann. *Be Your Own Doctor: A Positive Guide to Natural Living,* rev. ed. Garden City Park, NY. Avery Publishing Group, 1983.

WILLIAMS, Roger J., KALITA, Dwight K. *A Physician's Handbook on Orthomolecular Medicine.* New Canaan, CT. Keats Publishing, 1979.

WILLIAMS, Xandria. *What's in My Food?* Bridport, England. Prism Press, 1988.

WLODYGA, Ronald R. *Health Secrets From the Bible.* Triumph Pub., 1979.

WOESNER, Candace, LAUWERS, Judith, BERNARD, Barbara. *Breastfeeding Today.* Garden City Park, NY. Avery Publishing Group, 1988.

YOSHIDA, Hiromi et al. Effects of microwave cooking on the molecular species of pumpkim seed triaglycerols. *Nutr. Reports Int.* 37(2):259-268, 1988.

ZARAFONETIS, CjD. *Darkening of gray hair during para-aminobenzoic acid therapy.* J Invest Dermatol, 15:399-401, 1950.

_____ et al. *Retrospective studies in scleroderma: Effect of potassium para-aminobenzoic on survial.* J Clin Epidemiol, 41:193-205, 1988.

ZIFF, Sam. *Silver Dental Fillings: The Toxic Timebomb.* Aurora Press, 1984.

ZIMMERMAN, Marcia. *Country Life: Nutritional Literature,* EUA.

Recomendação para Leitura

- *Como Combater os Radicais Livres.* Youngson. Editora Campus.
- *Como e Por que Envelhecemos.* Hayflick, Editora Campus.
- *Como Enfrentar a Demência Senil.* Efrain Olszewer. Ícone.
- *A Enciclopédia de Vitaminas e Minerais.* Saul Sheldon. Editora Campus.
- *Envelhecer com Saúde.* Efrain Olszewer. Nova Linha Editorial.
- *Mamãe Eu Quero.* Sonia Hirsch. Edição do autor.
- *Nutrição e Doença.* Carlos Eduardo Leite. Editora Ibrasa.
- *Pare de Envelhecer Agora.* Carper. Editora Campus.
- *Perigoso Radical Livre.* Efrain Olszewer. Nova Linha Editorial.
- *Receita Para a Cura Através de Nutrientes.* James T. Balch, Phyllis Balch. Editora Campus.
- *Sem Açúcar, Com Afeto.* Sonia Hirsch. Edição do autor.

O autor com o Prof. Linus Pauling na conferência de 1992 do American College of Advancement in Medicine (Dallas). Fundador teórico da Medicina Ortomolecular, realizando estudos sobre a base molecular da memória. Laureado duas vezes com o Prêmio Nobel, deu vasta contribuição ao conhecimento científico e à melhora da saúde da humanidade. Suas idéias continuam cada vez mais viva na geração atual e, sem dúvida, serão lembradas pelas gerações futuras.